电力设备带电检测
作业指导及典型案例

国网吉林省电力有限公司电力科学研究院
国网吉林省电力有限公司延边供电公司　组编

中国电力出版社
CHINA ELECTRIC POWER PRESS

内 容 提 要

为了让读者能够快速、主动、清晰地了解电力设备带电检测知识体系，力求让读者一看就懂、一学就会，有效提升带电检测技术水平。

本书以市场需求为导向，系统、全面地介绍了带电检测技术的知识及应用。按照检测方法分为红外精确测温、特高频局放、暂态地电压局放、避雷器运行中持续电流、铁心夹件接地电流、油中溶解气体、六氟化硫气体湿度、六氟化硫气体纯度、六氟化硫气体分解物、六氟化硫气体泄漏、相对介损及电容量比值检测共 11 类，详细说明各类检测方法理论知识、仪器要求及规范、现场应用标准及安全注意事项，同时汇总典型案例，覆盖带电检测的全类知识体系，分类清晰、内容全面、剖析深入，对电力系统安全生产具有重要的指导意义。

本书可供从事电力设备检修、试验、安装、运行等方面工作的专业技术人员和管理人员阅读，也可供相关专业大中专院校的师生参考。

图书在版编目（CIP）数据

电力设备带电检测作业指导及典型案例／国网吉林省电力有限公司电力科学研究院，国网吉林省电力有限公司延边供电公司组编 .—北京：中国电力出版社，2021. 12
　ISBN 978-7-5198-6347-0

Ⅰ．①电… Ⅱ．①国…②国… Ⅲ．①电力设备—带电测量 Ⅳ．① TM93

中国版本图书馆 CIP 数据核字（2021）第 000710 号

出版发行：中国电力出版社
地　　址：北京市东城区北京站西街 19 号（邮政编码 100005）
网　　址：http://www.cepp.sgcc.com.cn
责任编辑：马淑范（010-63412397）
责任校对：黄　蓓　朱丽芳
装帧设计：郝晓燕
责任印制：杨晓东

印　　刷：三河市航远印刷有限公司
版　　次：2021 年 12 月第一版
印　　次：2021 年 12 月第一次印刷
开　　本：710 毫米 ×1000 毫米　16 开本
印　　张：13
字　　数：208 千字
定　　价：68.00 元

本 书 编 委 会

本 书 编 写 组

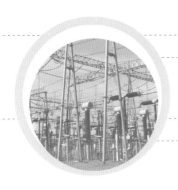

前　言

电力设备带电检测技术具有无需停电、准确性高、方式灵活等特点。能够灵活、及时、准确地掌握设备运行状态，为制定检修决策提供参考依据，避免故障发生，减少停电损失、节约维护费用，是及时发现设备潜伏性缺陷隐患的重要手段，对保障电力设备安全稳定运行具有重要意义。

随着带电检测技术的深入开展，国网电力有限公司不断加大带电检测装备的配置力度，提升仪器质量水平，拓展带电检测项目，对从事检测专业的人员提出了更高的要求。当前，一线班组人员技术水平参差不齐，对带电检测技术理解不够透彻，且市场上图书内容中对带电检测的理论分析不够透彻、仪器选用不够清晰、对案例分析不够深入、对状态检修指导稍显不足，很难更好地展现带电检测的实际应用效果。

为此，国网吉林省电力有限公司电力科学研究院和国网吉林省电力有限公司延边供电公司多名技术骨干以一线人员需求为导向、深入结合现场经验，联合组织编写了本书，从检测原理、仪器要求、作业指导及典型案例四个方面深入剖析11类常用的检测方式，系统、全面地介绍了带电检测技术的知识及应用，力求让读者一看就懂、一学就会。

本书共分为12章，按照检测方法分为红外精确测温、特高频局放、暂态地电压局放、避雷器运行中持续电流、铁心夹件接地电流、油中溶解气体等11类，详细说明各类检测方法理论知识、仪器要求及规范、现场应用标准及安全注意事项，同时汇总典型案例，覆盖带电检测的全类知识体系，分类清晰、内容全面、剖析深入，对电力系统安全生产具有重要的指导意义。

本书编写过程中得到国网吉林省电力有限公司等单位的大力支持，书中各类案例凝聚了一线工作人员的多年心血，特此对支持本书出版的专业人员表示衷心感谢！由于编者水平所限，书中难免存在不足之处，望读者提出宝贵意见，以便进一步完善。

本书编写组

目录

第1章　电力设备带电检测技术概述

带电检测作为电力设备状态检测和诊断的重要手段，能够在设备不停电情况下及时发现潜伏性缺陷隐患，避免故障发生，减少停电损失、节约维护费用，对保障电力设备安全稳定运行具有重要意义。带电检测是采用便携式检测设备，在运行状态下对设备状态量进行现场检测，有别于长期连续的在线监测，随着状态检修工作的深入开展与应用，其检测方式为带电短时间内检测，能够灵活、及时、准确地掌握设备运行状态具有投资小、见效快的特点，同时可以结合停电试验和在线监测数据综合分析设备运行状态，具有明显优势。

自 20 世纪 60 年代以来，电力工业发达国家和地区逐渐应用状态检修模式，促进了带电检测技术的快速发展，尤其局放类、气体组分类等检测方式。我国带电检测技术虽然起步较晚，但近年来一直保持高速发展态势，尤其国网公司不断深化电网设备状态检修工作，进一步加大带电检测装备的配置力度，不断提升仪器质量水平，拓展带电检测项目，制定带电检测技术现场应用导则和仪器技术规范，建立较为完备的带电检测管理体系和评价方法，朝着高质量、高水平的发展方向逐步推进。

第1节　带电检测技术方法

电力设备种类繁多，不同种类设备带电检测技术和方法各异，针对局部放电，会在设备内部和周围空间产生一系列的光、声、电气和机械的振动等物理现象和化学变化，这些伴随局部放电而产生的各种物理和化学变化可以为监测电力设备内部绝缘状态提供检测信号。目前应用的带电检测方式主要为局放类、油气类、介损电流类、成像类等。

1. 局放类

局放类缺陷是造成绝缘劣化的主要原因，目前在电网中应用较为广泛的检测方法有特高频法、超声波法、暂态地电压法和高频法。对局部放电源的定位往往借助这些常见的检测方法，通过多个传感器的检测和空间信号分析等进行定位。

当局部放电在很小的范围内发生时，击穿过程很快，将产生很陡的脉冲电流，其上升时间小于 1ns，并激发频率高达数 GHz 的电磁波，特高频法即为应用宽带高频天线（300M～1.5GHz 传感器）检测 GIS 内部局放电流激发的电磁波信号，从而反映出 GIS 内部局部放电的类型及大体位置。具有抗干扰能力强、检测灵敏度高等优点，可用于电力设备局部放电类缺陷的检测、定位和故障类型识别。

超声波检测可对频率为 20～200kHz 的声信号进行采集、分析和判断。局部放电产生的声频谱分布很宽，在 GIS 的局部放电检测中，超声波检测传感器谐振频率一般在 40kHz 左右，而在变压器中其谐振频率一般在 150kHz 左右。除了局部放电产生的声波外，自由金属颗粒撞击导体、操作导致的机械振动等也会产生声波。

暂态地电压法（频率范围通常为 3～100MHz）用来判断设备内部是否存在绝缘故障，广泛应用于开关柜、环网柜等设备的内部绝缘缺陷检测。研究结果表明，暂态地电压检测技术对尖端放电、悬浮放电和绝缘子内部放电比较敏感，检测效果较好，而对沿面放电不敏感，因此，常将其与超声波检测法配合使用。

高频检测法是局部放电带电检测中常用的测量方法，其检测频率范围通常为 3～30MHz，可广泛应用于高压电力电缆及其附件、变压器、电抗器、旋转电机等电力设备的局放检测。

2. 油气类

油气类检测技术主要包括油中溶解气体分析法和 SF_6 气体分解产物分析法，油中溶解气体分析是诊断变压器、互感器等充油设备潜伏性故障的有效方法。目前，主要采用气相色谱法对油中溶解气体组分含量进行分析，通过脱气将溶解气体从油中定量地脱出，实现 H_2、CH_4、C_2H_4、C_2H_6、C_2H_2、CO、CO_2 7 种组分的分析，根据三比值法可对故障类型做初步诊断。

SF_6 气体分解产物分析是利用 SF_6 在局部放电和过热的作用下发生分解，生成多种类型的气体产物实现对 SF_6 绝缘类设备的故障诊断。近年来众多研究

者对影响 SF_6 气体分解产物的各种因素及利用 SF_6 气体分解产物进行故障类型识别等相关内容进行了大量研究，取得了大量的成果，有力推动了该方面研究与应用的进展。

3. 介损电流类

介损电流类检测技术主要包括变压器铁心接地电流测试、避雷器运行中持续电流检测和容性设备相对介损及电容量测试。目前，国内外都把铁心接地电流作为诊断大型变压器铁心短路故障的特征量，在现场通常利用特制线圈制作的高灵敏度传感器，在不改变原设备接线的情况下，选择信号取样点在变压器铁心接地引出线处进行测量。避雷器运行中持续电流检测主要应用对象是无间隙金属氧化物避雷器，通过测试运行全电流、阻性电流及阻抗角等反映避雷器运行状况。避雷器带电测试过程中，现场的各种干扰较多，目前应用较多的测试方法是补偿法测量阻性泄漏电流，该检测方法能够较好地消除现场的干扰，得到较为准确的试验数据。相对介损及电容量检测是在设备运行条件下应用同相相对比较法对电容型设备的介质损耗因素和电容量进行测量，适用于有末屏或电容低压端引出的电容型设备，如高压套管、电流互感器、耦合电容器、电容式电压互感器等。

4. 成像类

在电网应用较为成熟的成像类带电检测技术主要有红外热成像检测和紫外成像检测。红外热成像检测主要用来检测电器设备的发热故障点，该技术几乎可以测量表面发出红外辐射不受阻挡的任何设备，但也有一定的局限性，如不能测量对于距离设备表面较远的某些设备内部故障部位等。目前的研究主要集中在基于红外热图像的缺陷自动识别和在线监测系统开发等方面。另外，红外成像技术在 SF_6 气体泄漏检测中也有应用，可实现 SF_6 电气设备的带电检漏和泄漏点的精确定位，由于具有非接触、高灵敏度、无需背景等优势，在电网应用愈发广泛并取得了不错的效果。紫外成像法主要用于检测设备表面由于外伤、污秽或绝缘缺陷等形成的局部放电。检测光子数量受到检测距离增益、气压、温度等因素的影响使得该技术应用具有局限性。近年来已有学者在紫外图像预处理算法、边缘检测算法和图像参数提取方法等方面开展了大量研究，根据紫外图像快速准确判断出电力设备的放电程度和放电位置，具有较高的实用价值。

第 2 节　电力设备带电检测项目及依据标准

电力设备带电检测项目及依据标准如表 1-1 所示（引用文件～最新版本适用于本表）。

表 1-1　电力设备带电检测项目及依据标准

序号	带电检测方式	仪器	仪器规范	检测设备	现场检测标准
1	红外精确测温	红外热像仪	Q/GDW 11304.2《电力设备检测用红外热像仪技术规范 第 2 部分：红外热像仪技术规范》	全站一次设备	DL/T 664《带电设备红外诊断应用规范》
2	特高频局放	特高频局放仪（局部放电综合检测仪）	Q/GDW 11304.8《电力设备带电检测仪器技术规范 第 8 部分：特高频局部放电带电检测仪器技术规范》	GIS、罐式断路器、变压器（电抗器）	Q/GDW 11059.2《特高频局部放电带电检测技术现场应用导则》
3	超声波局放（接触式）	超声波局放仪（综合局放仪）	Q/GDW 11061《局部放电超声波检测仪技术规范》	GIS、罐式断路器、变压器（电抗器）	Q/GDW 11059.1《超声波法局部放电带电检测技术现场应用导则》
4	超声波局放（非接触式）	超声波局放仪（局部放电综合检测仪）	Q/GDW 11061《局部放电超声波检测仪技术规范》	高压开关柜	Q/GDW 11059.1《超声波法局部放电带电检测技术现场应用导则》
5	暂态地电压局放	暂态地电压局放仪（局部放电综合检测仪）	Q/GDW 11063《暂态地电压局部放电检测仪技术规范》	高压开关柜	Q/GDW 11060《交流暂态金属封闭开关设备暂态地电压局部放电带电测试技术现场应用导则》
6	避雷器运行中持续电流	避雷器泄漏电流检测仪	DL/T 987《氧化锌避雷器阻性电流测试仪技术条件》	避雷器	Q/GDW 11369《避雷器泄漏电流带电检测技术现场应用导则》
7	铁心夹件接地电流	变压器铁心接地电流检测仪	JJG 35《交流数字电流表检定规程》	变压器、电抗器	Q/GDW 11368《变压器铁心接地电流带电检测技术现场应用导则》

续表

序号	带电检测方式	仪器	仪器规范	检测设备	现场检测标准
8	油中溶解气体	变压器油中溶解气体带电检测仪	Q/GDW 11304.41《电力设备带电检测仪器技术规范 第4-1部分:油中溶解气体分析带电检测仪器技术规范（气相色谱法）》	变压器、电抗器、互感器等充油设备	DL/T 722《变压器油中溶解气体分析和判断导则》
9	SF$_6$ 气体湿度	SF$_6$ 气体湿度检测仪（SF$_6$ 气体综合检测仪）	Q/GDW 11304.11《电力设备带电检测仪器技术规范 第11部分:SF$_6$ 气体湿度带电检测仪器技术规范》	GIS、罐式断路器等气体绝缘设备	Q/GDW 11305《SF$_6$ 气体湿度带电检测技术现场应用导则》
10	SF$_6$ 气体纯度	SF$_6$ 气体纯度检测仪（SF$_6$ 气体综合检测仪）	Q/GDW 11304.12《电力设备带电检测仪器技术规范 第12部分:SF$_6$ 气体纯度带电检测仪器技术规范》	GIS、罐式断路器等气体绝缘设备	Q/GDW 11644《SF$_6$ 气体纯度带电检测技术现场应用导则》
11	SF$_6$ 气体分解物	SF$_6$ 气体分解产物检测仪（SF$_6$ 气体综合检测仪）	Q/GDW 11304.13《电力设备带电检测仪器技术规范 第13部分:SF$_6$ 气体分解产物带电检测仪技术规范》	GIS、罐式断路器等气体绝缘设备	Q/GDW 1896《SF$_6$ 气体分解物带电检测技术现场应用导则》
12	SF$_6$ 气体泄漏	SF$_6$ 气体检漏仪	Q/GDW 11304.15《电力设备带电检测仪器技术规范 第15部分:SF$_6$ 气体泄漏红外成像法带电检测仪技术规范》 DL/T 846.6《高电压带电检测仪器通用技术条件 第6部分:六氟化硫气体检漏仪》	GIS、罐式断路器等气体绝缘设备	Q/GDW 11062《SF$_6$ 气体泄漏成像检测技术现场应用导则》
13	相对介损及电容量比值检测	相对介损及电容量比值带电检测仪	Q/GDW 11304.7《电力设备带电检测仪器技术规范第7部分:电容型设备绝缘带电检测仪》	电容型电流互感器、电压互感器、套管、耦合电容器等	国家电网公司变电检测通用管理规定 第10分册 相对介质损耗因数和电容量比值检测细则

5

第3节 带电检测发展趋势

1. 检测精准度不断提高

电力变压器和 GIS 主要的局部放电检测技术主要为特高频法和超声波法，但在现场检测中发现这 2 种方法并不能发现所有缺陷。GIS 五类典型局部放电缺陷中，绝缘材料的沿面放电缺陷无疑是对 GIS 运行健康状况影响最为严重的缺陷类型，沿面放电一旦发生极易造成绝缘击穿，导致闪络故障。然而根据现场实际运行经验表明，绝缘材料表面缺陷检出率较低，部分装设内置传感器的 GIS 在发生沿面闪络故障前未能准确检测到异常信号，甚至国内也多次存在刚开展完带电检测后发生闪络故障的案例。

根据变压器局部放电缺陷位于绕组内部、绕组与铁心之间不同对特高频信号传播规律和检测效果的影响，研究更为精准的检测技术，提高检测仪器现场检测灵敏度。开展 SF_6 气体成分痕量研究对准确发现 GIS 内部缺陷，提高缺陷检出率具有重要作用，也是后续局部放电检测技术研究重要内容。

2. 量化缺陷劣化程度

GIS 局部放电带电检测的最终目的是通过检测结果判断 GIS 设备的运行状态，对缺陷劣化程度进行准确评估。然而，经过多年来的现场检测和实验室研究发现，通过单一的检测幅值及检测结果图谱并不能够准确的反应 GIS 设备具体的运行状况及缺陷劣化程度。缺陷劣化程度的准确评估需要充分考虑局部放电类型、放电机理、放电位置、检测幅值及缺陷的发展趋势等综合因素。近几十年来，国内外学者对各放电类型的机理研究较多，对通过局部放电检测判断缺陷劣化程度具有很好的促进作用。

3. 检测模式智能化

随着技术的不断发展，移动、云计算、物联网技术在电力行业得到了广泛的应用。带电检测技术应重点往"互联网＋智能检测"方向发展，进一步加强与大数据、云计算、物联网、无人机、机器人等先进信息通信技术和智能运检装备的紧密结合，实现检测终端智能化、数据管理信息化、数据诊断远程化。

4. 加强新技术研究

深挖局部放电、气体组分等检测方式的机理，从原理层进一步提升检测能力和方式方法，如新型检测方法等局部放电检测技术对涉及 GIS 盆式绝缘子固体绝缘检测的灵敏性和变压器绕组内部、绕组与铁心之间不同对特高频信号传播规律等，提升设备绝缘状态诊断的准确性。同时采用智能化检测手段，建立大数据平台及专家诊断系统，综合收集设备检测历史数据、运行状况、检修数据等数据，提取检测结果特征信息，通过系统自动分析，准确判断设备运行状况，能够减少现场检测人员工作量、有效弥补检测人员的不足，提高检测结果准确性。

第2章　红外热像检测技术

第1节　红外热像检测技术原理

1. 红外测温原理

红外线是一种波长 $0.76 \sim 1000\mu m$ 的电磁波，由英国物理学家赫胥尔在 1800 年发现，其波长比微波波长短、比可见光波长长，参见图 2-1 光谱图。一切温度大于绝对零度（$-273.16℃$）的物体，都会辐射出红外线，这些红外线带有物体的温度特征信息。任何物体在常规环境下都会产生自身的分子和原子无规则的运动，并不停地辐射出红外能量。红外辐射的能量可以用来度量物体表面的温度，物体的分子和原子的运动愈剧烈，辐射的能量愈大，说明物体的表面温度愈高；反之，辐射的能量愈小，说明物体表面的温度愈低。

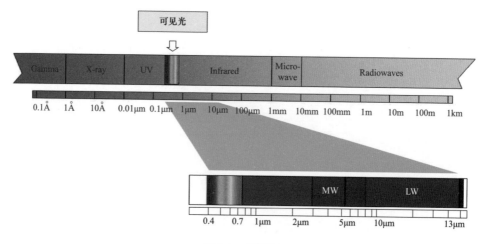

图 2-1　光谱图

由基尔霍夫定则可知，善于发射的物体必善于吸收，善于吸收的物体必善于发射，物体的发射本领是波长和温度的函数。斯蒂芬－玻尔兹曼定律给出了物体表面辐射红外线总功率与物体本身绝对温度的关系

$$W = \sigma \varepsilon T^4 \tag{2-1}$$

$$\sigma = 5.6697 pW/cm^2 T^4$$

式中：W 为物体表面单位面积在单位时间内辐射出的总功率，也称为物体的辐射度或能量通量密度，W/m^2；σ 为斯特藩-玻尔兹曼常数；ε 为物体表面的辐射率，是描述物体辐射能力（辐射功率）的参数。

物体自身辐射量取决于物体自身的温度以及其表面辐射率，不同材料、颜色、光滑度的物体，其表面辐射率不同。辐射率在红外测温过程中影响很大，在精确测量目标物体的真实温度时，需要了解物体的辐射率。由该式可知物体表面红外辐射能量与其绝对温度的四次方成正比，该结论表明物体表面温度对其辐射功率具有明显作用，有助于物体表面温度的测量。

进一步，由普朗克辐射定律可知，辐射能量与温度关系如式（2-2）所示，即

$$w_\lambda(T) = \frac{2\pi h c^2}{\lambda^5} \cdot \frac{1}{e^{hc/\lambda kT} - 1} \tag{2-2}$$

$$h = 6.6256 \times 10^{-34} W/s2$$

$$c = 3 \times 10^8 m/s$$

式中：$w_\lambda(T)$ 为光谱辐射度，T 为温度；λ 为波长；h 为普朗克常数；c 为真空中的光速；k 为波尔兹曼常数；$k = 1.38054 \times 10^{-23}$ W·S/K。

式（2-2）是描述温度、波长和辐射功率之间的关系，是所有定量计算红外辐射的基础。图 2-2 为辐射强度与红外波长分布关系曲线，随物体表面温度的升高红外波段辐射强度增大，且辐射强度极大值向波长较短的方向移动，即随着温度升高红外线频率升高，因此，可通过探测器感知红外辐射强度进而计算

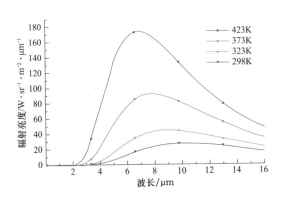

图 2-2　辐射强度与波长分布曲线

物体表面温度。

红外线在大气传播中具有衰减特性，波长范围在 $1\sim2.5$、$3.5\sim5$、$8\sim14\mu m$ 三个区域，大气吸收弱，红外线穿透能力较强，通常称为"大气窗口"。红外测温技术利用红外线穿透较好的波段来进行检测，目前常用的红外热像仪使用的波段分为短波 $1\sim5\mu m$、长波 $8\sim14\mu m$。而普通玻璃能够透过可见光，但对红外线衰减较大，几乎不会透过红外线。

2. 电气设备发热机理

从故障产生机理来看，电气设备的发热故障可分为电流致热、电压致热、铁磁损耗致热、缺油及其他故障致热等。

电流致热是由电流效应引起的，电气设备和输电线路的裸露电气接头，包括许多高压电气设备的内部导流回路都存在相应的电阻，通过负荷电流时会产生按焦耳定律发热的有功损耗，因连接不良、接触电阻增大而产生的缺陷会进一步增大损耗。温度升高后加剧接触电阻的增大，进而导致发热功率的进一步提高，形成正反馈，直至引发设备故障。

电压致热是由电压效应引起的，高压电器设备由导体和绝缘部件组成，当高压电气设备的内部绝缘由于密封不良、进水受潮，或者绝缘介质老化、介质损耗增大，产生的热量一方面导致电气绝缘性能下降，另一方面受热氧化加剧材料化学变化，甚至会出现局部放电或击穿，这种缺陷是由电介质（材料）的有功损耗而引起。

铁磁损耗致热是指部分高压电气设备的磁回路存在漏磁现象，主要是由于设计不合理或运行不正常而造成，或者是由于铁心质量不佳或片间、匝间局部绝缘破损而造成。在设备内部或箱体出现局部或多点短路，引起回路磁滞或磁饱和或在铁心片间短路处产生环流，增大铁损并导致局部过热。铁磁损耗致热也称电磁型致热。

缺油及其他故障致热是指油浸式高压电气设备（如油断路器、变压器套管等），由于渗漏或其他原因而造成缺油或假油位，严重时可引起油面放电，并导致表面温度分布异常。

通过了解电气设备的发热机理，能够较好地判断设备的发热缺陷类型，对于红外测温的分析工作至关重要。

第 2 节 红外热像仪技术要求

1. 红外热像仪工作原理

红外热像仪从 20 世纪 60 年代诞生以来经历了四代技术的更迭，第一代热像仪由制冷型红外探测器、光机扫描部件等组成，体积大、结构复杂、操作不便，主要应用于军工；第二代红外热像仪采用焦平面阵列型探测器和一维光机扫描方式，虽较第一代产品有很大改善，但仍较笨重，使用不便；第三代为凝视型热像仪，其采用电子扫描方式取代笨重的光机扫描，极大地提高了热像仪的稳定性和准确度，为热像仪在各行业中广泛应用奠定了技术基础；第四代采用非制冷型焦平面阵列探测器，主要基于氧化钒制成，也是现有多数热像仪采用的方式，有效克服制冷型热像仪成本高、尺寸大的缺点，进一步拓展了红外热像仪应用范围，为电力行业设备状态检测提供了新的思路和有效方法。

红外热像仪的工作原理如图 2-3 所示，设备发射的红外辐射功率经过大气传输和衰减后，由红外热像仪光学系统接收并聚焦在红外探测器上，探测器为红外热像仪的核心部件，其自身特性对成像状况、温度准确度具有重要影响，探测器将目标的红外辐射信号功率经过转换成便于直接处理的电信号，经过放大器信号放大并采用图像处理，以数字或二维热图像的形式显示目标设备表面的温度值或温度场分布。它通过测量设备表面的平均温度，以温度的高低来判断设备状态。

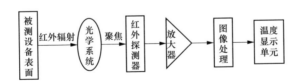

图 2-3 红外热像仪工作原理

2. 红外热像仪功能要求

（1）基本功能要求。

1）具备中文操作界面，用按键或者触摸屏操作；

2）在红外方式下，具有白热、黑热、伪彩色（多种伪彩色调色板可选）三种显示模式，可以手动/自动调节色标；

11

3）具备图像冻结、图像存储功能；

4）单点或多点温度显示功能；

5）输入目标距离、目标发射率、环境温度、反射温度、相对湿度后，自动计算修正大气透过率和目标表面发射率对测量结果的影响；

6）分析软件能真实还原所拍摄的热图；

7）提供分析点、直线和区域的温度分析功能；

8）可提示用户操作或使用模板帮助用户创建分析报告；

9）可存储用户生成的报告，并可打开；

10）生成可打印的分析检测报告；

11）可分析热图上不规则多边形面积内的最高、最低和平均温度；

12）可将报告转换为可编辑的文档；

13）可进行某点温度的变化趋势分析；

（2）扩展功能要求。

1）语音记录和回放功能；

2）区域、直线、等温、温差等一种或多种分析功能；

3）温度报警功能、温差显示功能；

4）图像融合功能及可见光数码相机；

5）支持 WIFI、蓝牙、RJ45、RS232、USB 等一种或多种数据传输功能；

6）图像可存储为通用温度点阵数据文件；

7）PAL 或 NTSC 制视频输出功能；

8）SD 卡插口（最小 32G）；

9）激光指示功能；

10）电池电压低报警功能；

11）拼接功能，可对拍摄的红外热图进行拼接组成"全景"红外热图；

12）3D 分布图，可将红外热图的能量分布以 3D 能量分布图的形式显现出来；

13）可挂接 GIS 地理信息系统图，结合图片存储式的 GPS 信息可轻松定位热图拍摄位置，形成完整的检测拍摄轨迹；

14）热图筛选，可以根据指定的温度或拍摄时间打开红外文件；

15）放大镜功能，可使用放大镜功能对热像图进行局部放大；

16）定温录像，可根据预设的温度值自动进行录像保存红外数据；

17）播放文件夹，可将多个热像图文件播放在一个录像文件内，可在播放文件夹内做热像图分析；

18）温度数据输出功能，可输出热图像元点温度值，且可编辑。

3. 红外热像仪技术条件

（1）红外分辨率。红外分辨率是指红外探测器上探测单元的数量，与常见屏幕分辨率或像素定义类似，是拍摄后红外图谱的分辨率，现有标准要求一般检测型仪器配置为 160×120 及以上，精准检测型仪器需 320×240 及以上。

（2）探测器。探测器是红外热像仪的核心部件，现有红外热像仪均配置为非制冷型焦平面探测器，是感知外部红外辐射信息并将之转变为电信号的重要单元，随着技术发展探测元尺寸减小、数量增多，热像仪画面清晰度及分辨率不断升高，有助于设备异常发热的精准识别。

（3）波长范围。波长范围是红外热像仪所选红外探测器的响应波长长度，要求为 $7.5\sim14\mu m$。

（4）视场角。视场角也称为视场，是表示系统主平面与光轴交点到被测物体之间的最大夹角，视场角越大则红外热像仪测量范围越大，现有仪器要求视场角标准镜为 $25°\pm2°$，可选 0.5、2、3 倍镜头。

（5）空间分辨率。空间分辨率是指红外热像仪能够识别相邻目标物体的最小距离，通常用角弧度（mrad）表示，也称为瞬时视场（IFOV），代表热像仪最小角分辨单元。空间分辨率越小被测物体覆盖的像素点越多，测温越精确。一般检测型红外热像仪要求空间分辨率<2.8mrad，精确型要求空间分辨率<0.7mrad。

（6）热灵敏度（NETD）。也称噪声等效温差，是表示红外热像仪检测温度灵敏度的重要指标，测量过程是将均方根噪声电压产生信噪比为 1 的信号。该值越小则表明仪器检测灵敏度越高，成像画面及精度越高。标准要求一般检测型热灵敏度<80mK，精确型热灵敏度<60mK。

调节标准温差黑体的温差设置，目标图像占全视场 1/10 以上，分别测量信号及噪声电压，计算公式为

$$NETD = \frac{\Delta T}{S/N} \tag{2-3}$$

式中：ΔT 为设定温差，通常为 2℃，如热像仪输出信号处于饱和状态，可降

13

低 ΔT 设定值,℃；S 为信号电平，V；N 为均方根噪声电平，V。

（7）测温范围。测温范围是指红外热像仪温度测量量程，一般分为高量程和低量程，标准要求测量范围包括－20～＋350℃。

（8）准确度是指红外热像仪测量温度的准确度，标准要求仪器测温精度应不超过±2℃或测量值的±2%（取绝对值大者）。

把黑体置于规定的工作距离，使热像仪能清晰成像，准确测温。黑体温度设置为热像仪测温范围每一量程的最高、最低和中点。读出热像仪测得的数据。

当 $t_2<100$℃时，计算公式为

$$\theta = t_1 - t_2 \tag{2-4}$$

当 $t_2 \geqslant 100$℃时，计算公式为

$$\theta = \frac{t_1 - t_2}{t_2} \times 100\% \tag{2-5}$$

式中：θ 为测温误差,℃；t_1 为热像仪测温读数,℃；t_2 为已知标准黑体温度,℃。

（9）测温一致性。测温一致性是指热像仪视场内不同区域温度测量结果之间的偏差，标准要求一般检测型仪器测温一致性不超过中心值±2℃或读数的±2%（取绝对值大者），精确型仪器测温一致性不超过中心值±0.5℃。

将热像仪的成像画面等分为 9 个区域（如图 2-4 所示）。把面黑体置于规定的工作距离，使热像仪能清晰成像，并使面黑体的图像充满视场。设置面黑体温度为热像仪测温范围内任一温度（宜选取 50℃），分别选取 1～9 区域的中心位置为测温点，测量黑体的温度。

1	2	3
4	5	6
7	8	9

图 2-4　热像仪的成像画面区域划分

测取 $t_5<100$℃时，计算为

$$\phi_n = t_5 - t_n \tag{2-6}$$

式中：n 为第 1～9 区域；ϕ_n 为测温一致性；t_n 为各区域的测温读数；t_5 为第 5 区域测温读数。

（10）环境温度影响。环境温度影响是考核红外热像仪运行环境温度对成像准度强的影响情况，尤其考核低温环境下的工作状态。

将热像仪置于恒温恒湿箱内，设置黑体温度为热像仪测温范围内任一温度；首先，将可控环境温度的恒温恒湿箱设置到 20℃，待其稳定后，保温 2h 后开启热像仪，15min 后开始测量黑体的温度，记录该读数 t_0，然后关闭红外热像仪；设置恒温恒湿箱的温度为热像仪工作温度范围内的工作温度上限、工作温度下限，保温 2h 后开启热像仪，15min 后测量黑体的温度，记录该读数 t。

环境温度影响计算公式为

$$\varphi = |t_0 - t| \tag{2-7}$$

式中：φ 为环境温度影响，℃；t 为热像仪在工作温度范围内任一环境温度下的测温读数，℃；t_0 为环境温度为 20℃时的测温读数，℃。

（11）发射率校正。发射率对物体表面发热功率有直接影响，表征了物体表面辐射能力的强弱。标准要求红外热像仪辐射率需在 0.1～1.0 范围可调，或者从预设菜单中选择。

第 3 节 红外热像检测作业指导

1. 检测环境要求

（1）一般检测要求。

1）环境温度不宜低于 5℃，一般按照红外热像检测仪器的最低温度掌握；

2）环境相对湿度不宜大于 85%；

3）风速：一般不大于 5m/s，若检测中风速发生明显变化，应记录风速；

4）天气以阴天、多云为宜，夜间图像质量为佳；

5）不应在有雷、雨、雾、雪等气象条件下进行；

6）户外晴天要避开阳光直接照射或反射进入仪器镜头，在室内或晚上检测应避开灯光的直射，宜闭灯检测。

（2）精确检测要求。除满足一般检测的环境要求外，还满足以下要求：

1）风速一般不大于 0.5m/s；

2）检测期间天气为阴天、多云天气、夜间或晴天日落 2h 后；

3）避开强电磁场，防止强电磁场影响红外热像仪的正常工作；

4）被检测设备周围应具有均衡的背景辐射，应尽量避开附近热辐射源的干扰，某些设备被检测时还应避开人体热源等的红外辐射。

2. 诊断分析方法

红外测温的主要对象为变电站一次设备，为增强缺陷分析的针对性，按照变电站常见设备类型进行典型缺陷分析，主要分为变压器、电抗器、电流互感器、电压互感器、断路器、隔离开关、GIS、避雷器、电容器、导线、绝缘子以及配电设备等。

红外测温通过检测电气设备表面温度对设备的发热缺陷进行分析。缺陷分析方法主要有表面温度判断法、相对温差判断法、图像特征判断法、同类比较判断法、综合分析判断法。

（1）表面温度判断法：主要适用于电流致热型和电磁效应致热型设备。根据测得的设备表面温度值，结合检测时环境气候条件和设备的实际电流（负荷）、正常运行中可能出现的最大电流（负荷）以及设备的额定电流（负荷）等进行分析判断。

（2）相对温差判断法：主要适用于电流致热型设备，特别是对于检测时电流（负荷）较小，但在正常工作中电流（负荷）较大的设备，相对温差计算公式为

$$\delta_t = (\tau_1 - \tau_2)/\tau_1 \times 100\% = (T_1 - T_2)/(T_1 - T_0) \times 100\% \qquad (2\text{-}8)$$

式中：τ_1 和 T_1 为发热点的温升和温度；τ_2 和 T_2 为正常相对应点的温升和温度；T_0 为被测设备区域的环境温度。

（3）图像特征判断法：主要适用于电压致热型设备，根据同类设备的正常状态和异常状态的热像图，判断设备是否正常。

（4）同类比较判断法：根据同类设备之间对应部位的表面温差进行比较分析判断，档案（或历史）热像图多用作同类比较判断。

（5）综合分析判断法：主要适用于综合致热型设备，对于油浸式套管、电流互感器等综合致热型设备，当缺陷由两种或两种以上因素引起的，应根据运行电流、发热部位和性质，进行综合分析判断。对于因磁场和漏磁引起的过热，可依据电流致热型设备的判据进行判断。

第4节　典　型　案　例

案例 2-1　　　　　　　　　　变压器套管顶端引线热缺陷

电压等级	66kV	设备类别	无功调节装置变压器
温度	14℃	湿度	56％
序号	检测位置	红外成像图谱/可见光照片	

序号	检测位置	红外成像图谱/可见光照片
1	变压器套管顶部引线	
2	A 相	
3	B 相	

序号	检测位置	红外成像图谱/可见光照片
4	C相	

分析	无功电压调节装置变压器 A 相套管顶端引线及内部连接发热。 顶部引线发热部位温度：A 相：70.3℃；B 相：32.6℃；C 相：30.1℃。 环境参考体温度：17.5℃。 A 相：同位置最大相间温差：40.2K。A 相：同位置相对温差：76.1％。 内部连接发热部位温度：A 相：44.5℃；B 相：26.1℃；C 相：26.9℃。 环境参考体温度：17.9℃。 A 相：同位置最大相间温差：18.4K。A 相：同位置相对温差：69.2％。 无功电压调节装置变压器 A 相套管顶端引线及内部连接发热原因为外部引线接线夹压接不良、内部连接不良，导致接触电阻增大而发热。 依据 DL/T 664—2016《带电设备红外诊断应用规范》，套管顶部引线温差大于 10K，相对温差 $\delta>35\%$；但热点温度未达到 80℃ 或 $\delta\geqslant80\%$，判定为一般缺陷；套管顶部柱头内部发热热点温差超过 10K，相对温差 $\delta>35\%$ 但未达到 55℃ 或 $\delta\geqslant80\%$，判定为一般缺陷

缺陷类型	电流致热型	缺陷等级划分依据	一般	$\delta\geqslant35\%$ 但热点温度未达到严重缺陷温度值
			严重	80℃$\leqslant$热点温度$\leqslant$110℃ 或 $\delta\geqslant80\%$ 但热点温度未达到危急缺陷温度值
			危急	热点温度>110℃ 或 $\delta\geqslant95\%$ 且热点温度>80℃

处理建议	建议对该处异常发热点缩短红外检测周期，加强该部位发热点的红外监视，条件允许应立即停电检查，采取消缺措施

案例 2-2   **变压器套管顶部热缺陷**

电压等级	220kV	设备类别	主变压器
温度	−5℃	湿度	60％
检测位置	红外成像图谱/可见光照片		

主变压器	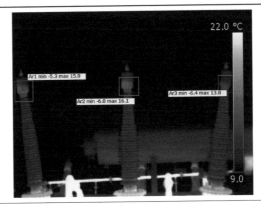

分析	220kV 主变压器套管顶部柱头温度异常。 Ar1 温度最大值：15.9℃；Ar2 温度最大值：16.1℃。Ar3 温度最大值：13.8℃。 Ar3 最大温差：2.3K。 温度异常原因为 220kV 主变压器三相套管瓷套内部缺油。 依据 DL/T 664—2016《带电设备红外诊断应用规范》，220kV 主变压器三相套管顶部温度偏低，具有明显的水平分界线，推断该套管瓷套内部缺油，为严重缺陷		
缺陷 类型	电压致热型	缺陷等级 划分依据	一般	/
			严重	缺油
			危急	/
处理 建议	建议加强运行监视，安排红外跟踪，有计划地安排消除缺陷			

案例 2-3　　　　　变压器套管热缺陷

电压等级	66kV	设备类别	站用变压器
温度	8℃	湿度	49%
检测位置	红外成像图谱/可见光照片		
主变压器	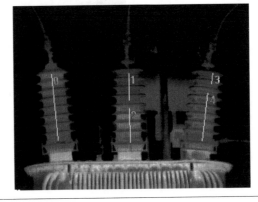		

分析	66kV 站用变压器 B 相温度异常。 A 相温度最大值：17.4℃；B 相温度最大值：上部：13.9℃；下部：18.6℃。 C 相温度最大值：上部：12.6℃；下部：16.8℃。 B 相上下部位温差：4.7K。C 相上下部位温差：4.2K。 温度异常原因为 66kV 站用变 B、C 相套管上部缺油或由于内部局放产生积气导致油位下降，导致上部温度低于下部温度。 依据 DL/T 664—2016《带电设备红外诊断应用规范》，66kV 站用变 B 相和 C 相套管上部温度异常，上部较下部温度偏低判断为上部缺油，根据电压致热型缺陷类型判定为严重缺陷		

缺陷 类型	电压致热型	缺陷等级 划分依据	一般	/
			严重	缺油
			危急	/

处理 建议	建议加强监视油位情况，必要时安排停电检修，更换套管

案例 2-4　　　　　　　　　　电抗器本体外壳热缺陷

电压等级	500kV	设备类别	并联电抗器
温度	34℃	湿度	70%
检测位置	红外成像图谱/可见光照片		
并联电抗器	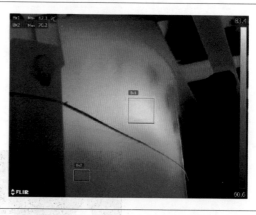		

分析	500kV 高压并联电抗器本体外壳发热。 发热部位温度：82.3℃；正常部位温度：70.2℃。环境参考体温度：48.1℃。 发热部位温差：12.1K。发热部位温升：34.2K。发热部位相对温差：35.4%。 发热原因为高压并联电抗器本体局部区域因漏磁引起涡流发热。 依据 DL/T 664—2016《带电设备红外诊断应用规范》，高压并联电抗器箱体表面局部过热相对温差 $\delta \geqslant 35\%$ 构成缺陷，判定该发热部位为一般缺陷

续表

缺陷类型	综合致热型	缺陷等级划分依据	一般	δ≥35％但热点温度未达到严重缺陷
			严重	85℃≤热点温度≤105℃
			危急	热点温度≥105℃
处理建议	建议加强运行监视，安排红外跟踪，有计划地安排消除缺陷，停电检修时加强磁屏蔽，减少漏磁避免涡流发热			

案例 2-5　　　　　　　　　　　**电抗器底部螺栓热缺陷**

电压等级	500kV	设备类别	并联电抗器
温度	34℃	湿度	70％
检测位置	红外成像图谱/可见光照片		

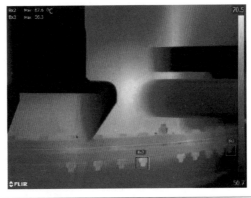

分析	500kV 高压并联电抗器底部螺栓处发热。 发热部位温度：67.6℃；正常部位温度：56.3℃。环境参考体温度：46.3℃。 发热部位温差：11.3K。发热部位温升：21.3K。发热部位相对温差：53.1％。 发热原因为高压并联电抗器本体局部区域因漏磁引起涡流发热。 依据 DL/T 664—2016《带电设备红外诊断应用规范》，高压并联电抗器底部螺栓处发热相对温差 δ≥35％构成缺陷，判定该发热部位为一般缺陷

缺陷类型	综合致热型	缺陷等级划分依据	一般	δ≥35％但热点温度未达到严重缺陷
			严重	85℃≤热点温度≤105℃
			危急	热点温度≥105℃
处理建议	建议加强运行监视，安排红外跟踪，有计划地安排消除缺陷，可通过螺栓绝缘化处理降低发热或选用非导磁材质螺栓			

案例 2-6　　　　　　　　　　　**电抗器将军帽连接处热缺陷**

电压等级	500kV	设备类别	并联电抗器
温度	16℃	湿度	55％

序号	检测位置	红外成像图谱/可见光照片
1	A 相套管	
2	C 相套管	

分析	500kV 并联电抗器将军帽与套管瓷裙连接处发热。 A 相温度最大值：24.5℃；C 相温度最大值：21.5℃；环境参考体温度：15.5℃。 A 相相间最大温差：3K。 发热原因疑似是并联电抗器 A 相套管存在局部放电或油路堵塞现象。 依据 DL/T 664—2016《带电设备红外诊断应用规范》，500kV 并联电抗器将军帽与套管瓷裙连接处发热，最大相间温差为 3K，依据电压致热型缺陷温差≥2K，判定为严重缺陷

缺陷类型	电压致热型	缺陷等级划分依据	一般	/
			严重	≥2K
			危急	/

处理建议	建议采取必要措施，加强监测，注意观察其缺陷的发展，加强监视油位情况，同时采用其他测试手段，进一步确定缺陷性质，并安排停电检修

案例 2-7　　　　　　　　　　　**电流互感器绕组箱热缺陷**

电压等级	66kV	设备名称	电流互感器
温度	9℃	湿度	40％
检测位置	红外成像图谱/可见光照片		

电流互感器	
分析	66kV 电流互感器 A 相绕组箱处发热。 发热部位温度：A 相：18.0℃；B 相：15.0℃。C 相：14.8℃。 A 相相间最大同位置温差：3.2K。 发热原因为被测电流互感器 A 相内部电容层屏蔽层存在局部放电，可能进一步引起介质损耗增大导致发热。 依据 DL/T 664—2016《带电设备红外诊断应用规范》，A 相绕组箱的热点温差大于 3K，判定为危急缺陷

缺陷 类型	电压致热型	缺陷等级 划分依据	一般	/
			严重	温差 2～3K
			危急	温差＞3K

处理 建议	建议加强运行监视，安排红外跟踪，尽快停电检修及时消除缺陷

案例 2-8　　　　　　　电流互感器绕组箱热缺陷

电压等级	220kV	设备名称	电流互感器
温度	16℃	湿度	53％
检测位置	红外成像图谱/可见光照片		
电流互感器			

续表

分析	220kV 电流互感器 B 相一次绕组箱及套管发热。 一次绕组箱发热部位温度：A 相：27.0℃；B 相：36.4℃；C 相：26.4℃。 B 相相间最大同位置温差：10.0K。 套管发热部位温度上部：A 相：27.3℃；B 相：30.5℃；C 相：27.4℃。 套管发热部位温度下部：A 相：27.1℃；B 相：30.5℃；C 相：27.3℃。 B 相套管上部相间最大同位置温差：3.2K。 B 相套管下部相间最大同位置温差：3.4K。 发热原因为被测电流互感器 B 相内部电容屏间发生持续大范围局部放电，并进一步引起介质损耗增大导致发热。 依据 DL/T 664—2016《带电设备红外诊断应用规范》，B 相互感器本体整体过热，温度均衡，最高热点位于一次绕组连接端子箱体。套管中上部相间同位置最大温差 3.2K，套管下部最大相间同位置温差 3.4K，一次绕组连接端子箱最大相间温差 10.0K，远大于 3K，判定为危急缺陷		
缺陷 类型	电压致热型	缺陷等级 划分依据	一般	/
			严重	温差 2～3K
			危急	温差>3K
处理 建议	建议立即停电更换消除缺陷		

案例 2-9　　　　电流互感器一次绕组热缺陷

电压等级	220kV	设备名称	电流互感器
温度	19℃	湿度	58%
检测位置	红外成像图谱/可见光照片		
电流互感器			

分析	220kV 电流互感器 B 相一次绕组下部箱体发热。 发热部位温度：A 相：37.8℃；B 相：45.1℃；C 相：36.9℃。 B 相相间最大同位置温差：8.2K。 依据 DL/T 664—2016《带电设备红外诊断应用规范》，B 相互感器最高热点位于一次绕组连接端子箱体最大相间温差 8.2K，是电流互感器缺陷判断数值 2.0K 的 4 倍以上，判定为危急缺陷			
缺陷 类型	电压致热型	缺陷等级 划分依据	一般	/
			严重	温差 2～3K
			危急	温差＞3K
处理 建议	建议立即停电更换消除缺陷			

案例 2-10　　　　　　　　　　　电压互感器油箱热缺陷

电压等级		500kV	设备类别	电压互感器
温度		24℃	湿度	56％
序号	检测位置	红外成像图谱/可见光照片		
1	电压互感器			
2	电压互感器 油箱			

分析	热像图特征分析：电容式电压互感器 A、B、C 三相中间变压器油箱温度分别为 31.3、28.3、30.8℃，A 相间同位置温差 3.0K，表明中间变压器回路电气元件有异常发热。 依据 DL/T 664—2016《带电设备红外诊断应用规范》，结合设备发热情况，判定为严重缺陷			
缺陷 类型	电压致热型	缺陷等级 划分依据	一般	/
			严重	分析热像图特征，B 箱电压互感器变压器回路电气元件有异常发热
			危急	/
处理 建议	建议停电检查电压互感器变压器中间变压器单元中回路电气元件问题			

案例 2-11　　　　　　　　　**电压互感器电容热缺陷**

电压等级	66kV	设备类别	电压互感器
温度	24℃	湿度	56%
检测位置	红外成像图谱/可见光照片		

电压互感器	

分析	热像图特征分析：电容式电压互感器 C1 电容中上部本体发热，本体上下部位温差 6.0K，电容器本体上部 2～3 个伞裙为均匀的低温区。C1 电容油渗漏，油位应在本体高温区的下沿，串联电容极间失掉油介质后，空气介质充入介电强度降低导致串联电容极发热。 依据 DL/T 664—2016《带电设备红外诊断应用规范》，结合设备发热情况，判定为严重缺陷			
缺陷 类型	综合致热型	缺陷等级 划分依据	一般	/
			严重	温差 2～3K，介质损耗偏大、匝间短路或铁心损耗增大
			危急	温差 2～3K，介质损耗偏大、匝间短路或铁心损耗增大
处理 建议	建议停电更换电压互感器			

案例 2-12　　　　　　　　　　　　　　　避雷器下节局部热缺陷

电压等级	220kV	设备类别	避雷器
温度	−18℃	湿度	56％
检测位置	红外成像图谱/可见光照片		

避雷器	

分析

　　热像图特征分析：A 相上节上中部−18.8℃，B 相上节上中部−18.5℃，C 相上节上中部−15.7℃。避雷器 C 相上节中上部有一异常发热区域，热点温度−15.7℃，相间同位置温差 3.1K。检测环境温度−20℃，温差折算系数 3.0，折算后温差 9.3K，避雷器 C 相上节进水受潮。

　　依据 DL/T 664—2016《带电设备红外诊断应用规范》，判定为危急缺陷

缺陷类型	电压致热型	缺陷等级划分依据	一般	/
			严重	0.5～1K，阀片受潮或老化
			危急	0.5～1K，阀片受潮或老化

处理建议	建议立即退出运行并更换

案例 2-13　　　　　　　　　　　　　　　避雷器局部热缺陷

电压等级	500kV	设备类别	避雷器
温度	18℃	湿度	56％
序号	检测位置	红外成像图谱/可见光照片	

1	避雷器	

| 2 | 避雷器 | |

| 分析 | 热像图特征分析：500kV侧避雷器由三节组成，B相避雷器上节整体温度偏高，相间温差1.1K。避雷器各节温度分析，A、C相上、中、下各节温度基本平衡，温差最大的C相节间运行温差0.4K。B相上、中节温差1.5K，上、下节温差1.1K。中、下节温场分析，A、C相中、下基本相同，B相中节温度则比下节低0.4K。
依据 DL/T 664—2016《带电设备红外诊断应用规范》，500kV侧B相避雷器红外热像特征发热异常，判断为严重缺陷 |

缺陷类型	电压致热型	缺陷等级划分依据	一般	/
			严重	0.5～1K，阀片受潮或老化
			危急	0.5～1K，阀片受潮或老化

| 处理建议 | 建议尽快停电处理，并进行相关项目试验和解体检查，诊断避雷器发热异常原因 |

第3章 特高频局部放电检测技术

第1节 特高频局部放电检测技术原理及特点

1. 局部放电产生特高频电磁波原理

气体绝缘组合电器（Gas Insulated Switchgear，简称 GIS）内出现绝缘缺陷产生局部放电（Partial Discharge，PD）时，常常伴随有电磁辐射、声、光、热以及化学反应等多种物理现象，而这些物理现象所携带的信息，可以在不同程度上反映 GIS 设备内出现的绝缘缺陷，也就是说可以有效利用 PD 表现的这些物理现象，对 GIS 设备内出现的绝缘缺陷进行检测（监测），从而达到对 GIS 设备进行故障诊断和状态评价的目的。

PD 最直接的现象即引起电极间的电荷移动。每一次 PD 都伴随有一定数量的电荷通过电介质，引起试样外部电极上的电压变化，且放电过程持续时间很短，在气隙中一次放电过程在 10ns 量级。由电磁理论可知，如此短持续时间的放电脉冲会产生较高频率的电磁信号。特高频局部放电局部检测即是基于这一原理。

GIS 中，SF_6 气体具有很高的绝缘强度，研究表明：处于高气压下的 SF_6 气体环境中的 PD，具有非常快的上升前沿，一般可小于 1ns，持续时间为几十 ns，快速上升时沿的 PD 陡脉冲含有从低频到微波频段的频率成分，其频率分量可达数 GHz，以电磁波形式向外传播。在 GIS 设备中，由于其结构特点，电磁波在其中以波导的方式传播，特定频率的电磁波衰减较小，有利于 PD 信号的检测。

2. 特高频局部放电检测

特高频（Ultra-high frequency，简称 UHF）法是近年来发展起来的一项新技术，它是利用装设在 GIS 设备内部或外部的天线传感器，接收 PD 激发并传播的 300～3000MHz 频段 UHF 信号进行检测和分析，从而避开常规电气测试方法中难以避开的电晕放电（一般小于 150MHz）等最大的强电磁干扰，受外界干扰影响小，信噪比高，可以极大地提高检测 PD（特别是在线监测）的可靠性和灵敏度。

GIS 设备中 PD 脉冲产生的电磁波，不仅以横向电磁波（TEM 波，即电场方向与传播方向垂直）的形式传播，而且还会以横向电场波（TE 波）和横向磁场波（TM 波）的方式传播。对于 TE 波和 TM 波存在一个下限截止频率，一般为几百 MHz。当信号频率小于截止频率时，其衰减很大；而信号频率大于截止频率时，信号在传播时损失很小。由于 GIS 设备的金属同轴结构是一个良好的波导，PD 产生的 UHF 信号可以有效地沿波导传播。

由于 GIS 设备多处装有盆式绝缘子，这些绝缘子均为非铁磁材料，将 GIS 设备间隔为多个腔体，构成了 GIS 设备同轴波导传播的不连续特性。GIS 设备内 PD 信号频带极宽（通常大于 1GHz），由于其良好的波导体结构特点，UHF PD 电信号能够在其中有效地传播。在 GIS 设备内部没有任何阻隔时，信号衰减幅度极小，在经过不连续部分或受阻时（如盆式绝缘子、转角、T 连接等），信号则产生衰减。UHF PD 信号每经过一个盆式绝缘子间隔，信号强度将衰减 3～5dB，因此可以根据各部位 UHF PD 信号的大小来初步判断 PD 源位置。UHF PD 信号频率极高，具有很强的穿透性，在经过盆式绝缘子时，不仅可以沿轴向穿透盆式绝缘子继续传播，还可通过两间隔的金属法兰接缝（盆式绝缘子厚度），辐射到 GIS 设备外部空间，UHF PD 信号在 GIS 的传播与辐射示意图如图 3-1 所示。当 GIS 设备内 PD 激励的电磁波沿金属轴（筒）传播时，部分

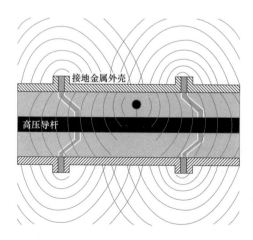

图 3-1　UHF PD 信号在 GIS 的传播与辐射示意图

信号在通过盆式绝缘子处时向外辐射，通过安装在盆式绝缘子外的 UHF 天线传感器，检测到这些从 GIS 设备内部辐射出的 PD 电磁波信号。

由于现场的晕干扰主要集中在 300MHz 频段以下，因此，特高频法能有效地避开现场的电晕等干扰，具有较高的灵敏度和抗干扰能力，可实现局部放电带电检测、定位以及缺陷类型识别等优点。

特高频检测法和其他局部放电在线检测技术相比，具有以下显著的优点。

（1）检测灵敏度高。局部放电产生的特高频电磁波信号在 GIS 中传播时衰减较小，如果不计绝缘子等处的影响，1GHz 的特高频电磁波信号衰减仅为 3～5dB/km。而且由于电磁波在 GIS 中绝缘子等不连续处反射，还会在 GIS 腔体中引起谐振，使局部放电信号振荡时间加长，便于检测。因此，特高频法能具有很高的灵敏度。另外，与超声波检测法相比，其检测有效范围大得多，实现 GIS 在线监测需要的传感器数目较少。

（2）现场抗干扰能力强。由于 GIS 运行现场存在着大量的电气干扰，给局部放电检测带来了一定的难度。高压线路与设备在空气中的电晕放电干扰是现场最为常见的干扰，其放电能量主要在 200MHz 以下频率。特高频法的检测频段通常为 300M～3GHz，有效地避开了现场电晕等干扰，因此具有较强的抗干扰能力。

（3）可实现局部放电在线定位。局部放电产生的电磁波信号在 GIS 腔体中传播近似为光速，其到达各特高频传感器的时间与其传播距离直接相关，因此，可根据特高频电磁波信号到达其附近两侧特高频传感器的时间差，计算出局部放电源的具体位置，实现绝缘缺陷定位。为 GIS 设备的维修计划制订、提高检修工作效率提供了有力的支持。

（4）利于绝缘缺陷类型识别。不同类型绝缘缺陷的局部放电所产生的特高频信号具有不同的频谱特征。因此，除了可利用常规方法的信号时域分布特征以外，还可以结合特高频信号频域分布特征进行局部放电类型识别，实现绝缘缺陷类型诊断。

第 2 节　特高频局部放电检测仪技术要求

1. 特高频局部放电检测仪功能特点

特高频局部放电检测仪一般由下列几部分组成：

（1）特高频传感器：耦合器，感应 300M～1.5GHz 的特高频无线电信号。

（2）信号放大器（可选）：某些局部放电检测仪会包含信号放大器，对来自前端的局部放电信号做放大处理。

（3）检测仪器主机：接收、处理耦合器采集到的特高频局部放电信号。

（4）分析主机（笔记本电脑）：运行局部放电分析软件，对采集的数据进行处理，识别放电类型，判断放电强度。

现场检测时，将传感器贴附在 GIS 设备的盆式绝缘子、接地开关连杆的固定绝缘子或观察孔等电磁波可泄漏出来的部件上。传感器将局部放电辐射出的电磁波信号传换成电信号，通过通信电缆传递到信号调理单元，经过数据采集与处理单元，然后进入模式识别单元，最后通过人机界面显示测量结果。现场检测示意如图 3-2 所示。

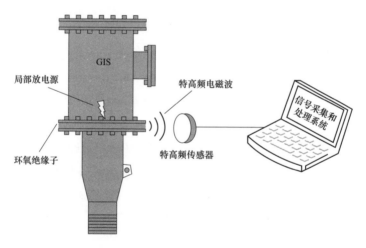

图 3-2　GIS 设备特高频局部放电检测原理图

根据现场设备情况的不同，可以采用内置式特高频传感器和外置式特高频传感器，如图 3-3 所示。当电磁波传播到局部放电传感器（接收天线）处，通过耦合从传感器中将输出一个电压信号，并被存储和分析（如 FFT 和相关分析）。外置式传感器贴附在盆式绝缘子上进行检测，常用于带电检测。内置式传感器预埋在 GIS 内部，常用于在线监测。

国内外常见特高频局部入电检测仪的特点如下所述。

（1）DMS 特高频局部放电测试仪。DMS 特高频局部放电测试仪（DMS

Portable UHF Monitor）常被用作变电站 GIS 设备的检修仪器，它能够检测、记录、分析 GIS 内部发生的局部放电事件，分析其原因，跟踪器发展趋势，以便早作处理，避免彻底停机事故，如图 3-4 所示。

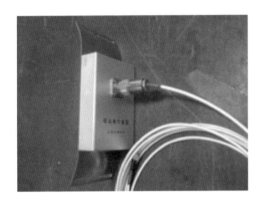

图 3-3　常用特高频局部放电检测传感器（左-外置，右-内置）

图 3-4　DMS 特高频局部放电测试仪

DMS 特高频局部放电测试仪由两部分组成：运行局部放电人工智能分析软件 PortSUB 的笔记本电脑和 UHF 特高频信号采集处理单元 DAQ（the Portable Data Acquisition Unit）。电脑通过网线连接 DAQ，接收 DAQ 通过耦合器 Coupler（最多 3 个）采集的特高频局部放电信号。用 DMS 特高频局部放电测试仪检测到局部放电事件后，配合使用适当的示波器，通过计算检测到信号的时间差，可以对局部放电源进行准确定位。

（2）G100 系列局部放电仪。PDS-G100B 型便携式 GIS 局部放电测试仪运用声电联合检测技术，支持四个检测通道，可以根据不同的需求选择接入超声或特高频传感器单元，检测信号经过调理放大、检波、采集及信号预处理后传输至便携主机。安装在便携主机上的软件自动对数据进行数字滤波及特征指纹提取，通过智能诊断算法排除干扰、识别缺陷类型，给出高置信度的诊断结论，为 GIS 设备的状态检修决策提供强有力的依据。

G100 系列局部放电仪的主要功能及特点如下：

1）采用声电联合定位分析技术，对局部放电源进行精确定位；

2）特高频传感技术，避开低频噪声干扰，有效提高信噪比；

3）四通道同时采集与分析信号，可根据现场情况设置噪声通道；

4）多种检测模式，显示各种图谱；

5）数据统计和智能分析，自动识别缺陷类型；

6）支持连续监测模式，可对历史信号进行分析处理，给出可信的诊断建议。

（3）PDS-T95 型局部放电测试仪。PDS-T95 型局部放电测试仪定位于局部放电检测方法集成化、智能化和巡检快速化，将多种局部放电检测技术集成在一台手持式仪器中，其集成有暂态地电波局部放电检测法、特高频局部放电检测法、接触式超声波局部放电检测法、非接触式超声波局部放电检测法四种检测技术，适用于组合电器、开关柜等多种电气设备快速化巡检工作。

（4）PDS-G1500 型局部放电检测与定位系统。华乘电气研制的 PDS-G1500 型 GIS 局部放电检测与定位系统，用于带电检测变电站开关设备的内部绝缘缺陷。该系统基于声电联合检测方法，利用高速数字存储示波器记录和分析设备的局部放电信号，系统可以比较分析特高频、超声波和高频电流信号不同频段的信息，从而有效分辨真实的局部放电信号和外部干扰信号。系统以特高频检测为主，支持变电站设备的各种内置和外置的特高频传感器，可在运行状态下对待测设备进行局部放电测试及诊断分析，并根据信号的传播时延和强度，精确定位和判定缺陷类型，评价缺陷的危害程度，以便了解和掌握设备的运行状况，避免重大绝缘事故的发生。

2. 特高频局部放电检测仪检测流程及功能要求

特高频局部放电检测仪的使用流程如下：

（1）按照设备接线图连接测试仪各部件，将传感器固定在盆式绝缘子非金属封闭处，传感器应与盆式绝缘子紧密接触并在测量过程保持相对静止，并避开紧固绝缘盆子螺栓，将检测仪相关部件正确接地，电脑、检测仪主机连接电源，开机。

（2）开机后，运行检测软件，检查仪器通信状况、同步状态、相位偏移等参数。

（3）进行系统自检，确认各检测通道工作正常。

设置变电站名称、检测位置并做好标注。对于 GIS 设备，利用外露的盆式绝缘子处或内置式传感器，在断路器断口处、隔离开关、接地开关、电流互感器、电压互感器、避雷器、导体连接部件等处均应设置测试点。一般每个 GIS 间隔取 2～3 点，对于较长的母线气室，可 5～10m 取一点，并应保持每次测试点的位置一致，以便于进行比较分析。

（4）将传感器放置在空气中，检测并记录背景噪声，根据现场噪声水平设定各通道信号检测阈值。

（5）打开连接传感器的检测通道，观察检测到的信号，测试时间不少于 30s。如果发现信号无异常，保存数据，退出并改变检测位置继续下一点检测。如果发现信号异常，则延长检测时间并记录多组数据，进入异常诊断流程。必要的情况下，可以接入信号放大器。测量时应尽可能保持传感器与盆式绝缘子的相对静止，避免因为传感器移动引起的信号干扰正确判断。

（6）记录三维检测图谱，在必要时进行二维图谱记录。每个位置检测时间要求 30s，若存在异常，应出具检测报告。

（7）如果特高频信号较大，影响 GIS 本体的测试，则需采取干扰抑制措施，排除干扰信号，抑制干扰信号可采用关闭干扰源、屏蔽外部干扰、软硬件滤波、避开干扰较大时间、抑制噪声、定位干扰源、比对典型干扰图谱等方法。

（8）检查检测数据是否准确、完整，恢复设备到检测前状态。

对特高频局部放电检测仪的拓展功能要求如下：

1）可显示信号幅值大小。

2）报警阈值可设定。

3）检测仪器具备抗外部干扰的功能。

4）测试数据可存储于本机并可导出。

5）可用外施高压电源进行同步，并可通过移相的方式，对测量信号进行观察和分析。

6）可连接 GIS 内置式特高频传感器。

7）按预设程序定时采集和存储数据的功能。

8）宜具备检测图谱显示。提供局部放电信号的幅值、相位、放电频次等信息中的一种或几种，并可采用波形图、趋势图等谱图中的一种或几种进行展示。

9）宜具备放电类型识别功能。具备放电类型识别功能的仪器应能判断 GIS 中的典型局部放电类型（自由金属颗粒放电、悬浮电位体放电、沿面放电、绝缘件内部气隙放电、金属尖端放电等），或给出各类局部放电发生的可能性，诊断结果应当简单明确。

第 3 节　特高频局部放电检测作业指导

1. 检测条件要求及检测准备

对特高频局部放电检测条件要求，包括检测环境要求、待测设备、人员要求、安全要求，以及仪器要求。

（1）在环境要求方面，除非另有规定，检测均在当地大气条件下进行，且检测期间，大气环境条件应相对稳定。具体要求如下：

1）环境温度不宜低于 5℃。

2）环境相对湿度不宜大于 80%，若在室外不应在有雷、雨、雾、雪的环境下进行检测。

3）在检测时应避免手机、雷达、电动机、照相机闪光灯等无线信号的干扰。

4）室内检测时，应避免气体放电灯、电子捕鼠器等对检测数据的影响。

5）进行检测时，应避免大型设备振动源等带来的影响。

（2）对待测设备要求如下：

1）设备处于运行状态（或加压到额定运行电压）。

2）设备外壳清洁、无覆冰。

3）盆式绝缘子为非金属封闭或者有金属屏蔽，但有浇注口或内置有 UHF 传感器，并具备检测条件。

4）设备上无各种外部作业。

5）气体绝缘设备应处于额定气体压力状态。

（3）进行电力设备特高频局部放电带电检测的人员应具备如下条件：

1）熟悉特高频局部放电检测技术的基本原理、诊断分析方法。

2）了解特高频局部放电检测仪的工作原理、技术参数和性能。

3）掌握特高频局部放电检测仪的操作方法。

4）了解被测设备的结构特点、工作原理、运行状况和导致设备故障的基本因素。

5）具有一定的现场工作经验，熟悉并能严格遵守电力生产和工作现场的相关安全管理规定。

6）经过上岗培训并考试合格。

（4）在安全要求方面，具体要求如下：

1）应严格执行国家电网公司《电力安全工作规程（变电部分）》的相关要求。

2）带电检测工作不得少于两人。检测负责人应由有经验的人员担任，开始检测前，检测负责人应向全体检测人员详细布置安全注意事项。

3）应在良好的天气下进行，户外作业如遇雷、雨、雪、雾不得进行该项工作，风力大于 5 级时，不宜进行该项工作。

4）检测时应与设备带电部位保持足够的安全距离，并避开设备防爆口或压力释放口。

5）在进行检测时，要防止误碰误动设备。

6）行走时注意脚下，防止踩踏设备管道。

7）防止传感器坠落而误碰运行设备和试验设备。

8）保证被测设备绝缘良好，防止低压触电。

9）在使用传感器进行检测时，应戴绝缘手套，避免手部直接接触传感器金属部件。

10）测试现场出现明显异常情况时（如异音、电压波动、系统接地等），应立即停止测试工作并撤离现场。

11）使用同轴电缆的检测仪器在检测中应保持同轴电缆完全展开，并避免同轴电缆外皮受到刮蹭。

（5）检测系统功能要求。

特高频局部放电检测系统一般由内置式或外置式特高频传感器、数据采集单元、信号放大器（可选）、数据处理单元、分析诊断单元等组成。特高频局部放电检测系统的主要技术指标要求如下。

1）检测频率范围：通常选用 300～3000MHz 之间的某个子频段，典型的频段为 400～1500MHz。

2）检测灵敏度：65dBmV。

3）仪器的功能要求。

a. 可显示信号幅值大小。

b. 报警阈值可设定。

c. 检测仪器具备抗外部干扰的功能。

d. 测试数据可存储于本机并可导出。

e. 可用外施高压电源进行同步，并可通过移相的方式，对测量信号进行观察和分析。

f. 可连接 GIS 内置式特高频传感器。

g. 按预设程序定时采集和存储数据的功能。

h. 宜具备检测图谱显示。提供局部放电信号的幅值、相位、放电频次等信息中的一种或几种，并可采用波形图、趋势图等谱图中的一种或几种进行展示。

i. 宜具备放电类型识别功能。具备模式识别功能的仪器应能判断 GIS 中的典型局部放电类型（自由金属颗粒放电、悬浮电位体放电、沿面放电、绝缘件内部气隙放电、金属尖端放电等），或给出各类局部放电发生的可能性，诊断结果应当简单明确。

在检测准备方面，检测前，应了解被检测设备数量、型号、制造厂家安装日期、内部构造等信息以及运行情况，制定相应的技术措施。配备与检测工作相符的图纸、上次检测的记录、标准作业卡。现场具备安全可靠的独立电源，禁止从运行设备上接取检测用电源。检查环境、人员、仪器、设备满足检测条件。按相关安全生产管理规定办理工作许可手续。

2.检测诊断分析方法

（1）GIS 特高频局部放电异常判断流程。GIS 特高频局部放电异常判断流程主要包括异常信号查找、干扰信号排除、信号来源判断、放电源定位、缺陷类型与严重程度判断等步骤，具体的检测流程如图 3-5 所示。

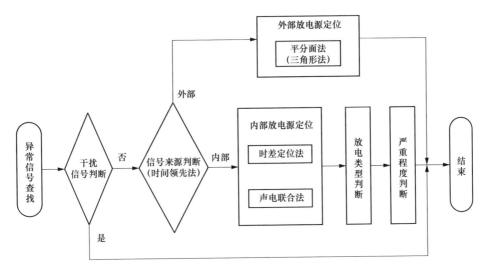

图 3-5　GIS 特高频局部放电异常判断流程

特高频局部放电检测依据如下：

Q/GDW 1799.1—2013《国家电网公司电力安全工作规程（变电部分）》。

DL/T 393—2017《输变电设备状态检修试验规程》

DL/T 617—2019《气体绝缘金属封闭开关设备技术条件》

Q/GDW 1168—2013《输变电设备状态检修试验规程》

Q/GDW 11059.2—2018《气体绝缘金属封闭开关设备局部放电带电测试技术现场应用导则 第二部分 特高频法》

《国家电网公司十八项电网重大反事故措施（修订版）》

GIS 特高频局部放电信号强度与放电量大小、放电位置、放电类型和传播路径有关，不能简单地仅由信号强度来判断局部放电量和缺陷严重程度。应根据放电源的定位结果、放电类型的识别结果和检测特征量的发展趋势（随时间推移同一测试点放电强度、放电频次变化规律）进行综合判断。对于放电缺陷可结合超声波局部放电检测和 SF₆ 气体分解产物分析等多种检测手段进行联合诊断分析。GIS 设备特高频局部放电检测需根据背景和检测点所测特高频信号的幅值、相位特征等的差异进行综合判断。如未检测到特高频信号，或仅有较小的杂乱无规律背景信号，则判断为正常。如图 3-6 和图 3-7 所示。如果检测图谱与背景图谱存在明显差异，或在同等条件下同类设备检测的图谱有明显区别，则判断结果为异常。

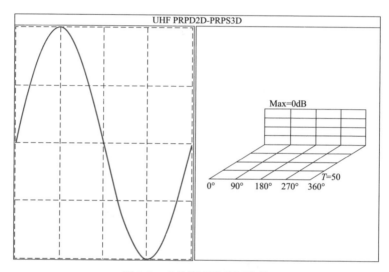

图 3-6　未检测到特高频信号

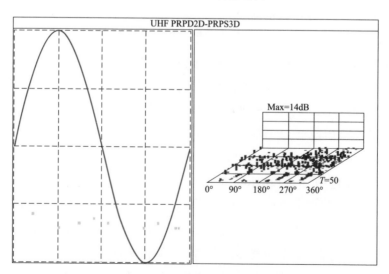

图 3-7　较小杂乱无规律信号

在进行 GIS 特高频局部放电带电检测时，通常存在以下几种典型的局部放电信号：尖端电极放电、悬浮电位放电、自由金属颗粒放电、绝缘沿面和空穴放电。不同缺陷类型的局部放电所产生的特高频信号往往具有不同的时域及频域特征。因此，可以结合特高频信号时域、频域分布特征进行局部放电异常信号判断，实现缺陷类型诊断。如果检测图谱与背景图谱存在明显差异，且具有典型局部放电的检测图谱，则判断结果为缺陷。

缺陷典型图谱特征归纳如表 3-1 所示。

表 3-1　　　　　　　　　　缺陷典型图谱特征归纳

放电类型 ＼ 参数	相位关系	图谱对称性	疏密度	幅值	要点
尖端放电	峰值附近	不对称	密	较低	"矮而密""窄而高"
悬浮放电	第一、三象限	对称	疏	较高	对称、高且等高、"悬空"
自由颗粒放电	无	不对称	疏	取决于颗粒数量、大小	稀疏、杂乱
气隙或沿面放电	第一、三象限	取决于气隙形状	密	较低	幅值分散

（2）GIS 特高频局部放电干扰信号判断。在梳理大量实验数据及分析长期的带电检测实践过程中总结的典型案例的基础上，提出各类典型缺陷的放电特征图谱，便于在现场检测过程中及时判断异常信号类型。在进行信号类型判断时需要将现场的特高频测试图谱（必要时结合超声波测试图谱）与局部放电典型图谱进行对比，判断可能的局部放电信号类型。另外，GIS 设备特高频局部放电检测时往往存在某些背景干扰信号，需要减少或排除这些干扰信号的影响。

1）通信干扰。由于特高频信号频率为 300～3000MHz，典型检测频率范围为 400～1500MHz。而现有通信网络频率范围为 885～2690MHz，会对特高频检测造成干扰。常见的移动通信干扰信号属于典型的连续周期性窄带干扰，具有确定的频带，工频相关性弱，有特定的重复频率，幅值有规律变化。典型图谱如表 3-2 所示。

2）荧光干扰。荧光是物质吸收光照或者其他电磁辐射后发出的光，不同辐射源会产生不同幅值和频率的荧光信号，故荧光信号幅值和频率较分散，部分频带的荧光信号会对特高频检测造成干扰。一般情况下工频相关性弱，是典型的脉冲型干扰信号。荧光干扰信号的典型图谱见表3-3。

表 3-2 　　　　　　　　　移动通信干扰的特高频信号典型图谱

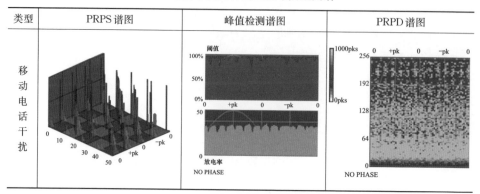

表 3-3 　　　　　　　　　荧光干扰的特高频信号典型图谱

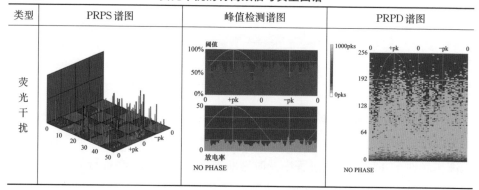

3）电动机干扰。电动机干扰主要由电动机绕组中突变磁场、换向器与电刷之间的火花放电产生，电动机干扰信号频带很宽，频率约为 10～1000MHz，和特高频检测频带部分重叠。电动机信号属于典型的脉冲型干扰信号，无工频相关性，幅值分布较为分散，重复率低。电动机干扰信号的典型图谱见表3-4。

4）雷达干扰。雷达信号的典型频段为 500M～18GHz，部分雷达信号会对特高频检测带来干扰。雷达干扰信号属于窄带周期性干扰信号，具有一定的规律和重复性，但无工频相关性，幅值有规律变化。典型图谱见表3-5。

表 3-4	电动机干扰的特高频信号图谱		
类型	PRPS 谱图	峰值检测谱图	PRPD 谱图
马达干扰	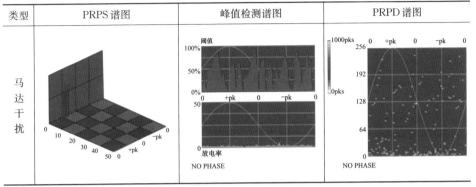		

表 3-5	雷达干扰的特高频信号图谱		
类型	PRPS 谱图	峰值检测谱图	PRPD 谱图
雷达干扰	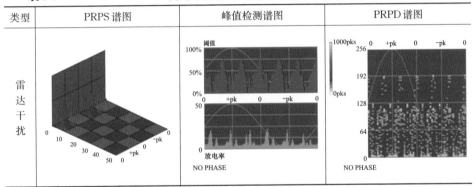		

以上几种典型干扰信号在现场检测中比较常见，实际检测中通过背景信号图谱与典型干扰信号图谱的比对，有利于正确识别特定的干扰信号，提高检测的准确性。

（3）GIS 特高频局部放电缺陷判断。

1）电晕放电缺陷。在 GIS 设备制造、安装及操作的过程中，可能会在高压导体或金属外壳内壁上留下比较尖锐的突起物，在强电场中形成电晕放电。高压导体周围的电场强度相对较高，尖端突起物更容易引发局部放电。金属尖端会引起局部电场发生畸变。在工频高电压作用下，金属尖端缺陷附近将产生大量空间电荷，并形成与外加电场方向相反的内部电场，因此，金属尖端对工频耐压水平影响较小。对于雷电冲击或者操作过电压，由于其持续时间短，金属尖端附近来不及形成空间电荷，因此这类缺陷将使其冲击过电压耐受水平显著降低。

电晕放电的极性效应非常明显，通常在工频相位的负半周或正半周出现，放电信号强度较弱且相位分布较宽，放电次数较多。但较高电压等级下另一个半周也可能出现放电信号，幅值更高且相位分布较窄，放电次数较少。电晕放电典型图谱如图 3-8 所示。

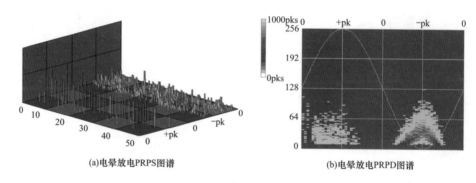

(a)电晕放电PRPS图谱　　　　　　(b)电晕放电PRPD图谱

图 3-8　电晕放电典型图谱

2）悬浮放电缺陷。GIS 设备悬浮电位放电缺陷的形成主要原因是存在屏蔽罩松动、紧固螺栓松动、绝缘支撑松动、绝缘支撑偏移、接插件偏移、接插件松动等现象，具体分为以下三种原因：

a. GIS 设备安装或检修过程中工艺和质量不过关；

b. GIS 设备运行的过程中的分合闸过程及机械振动引起；

c. GIS 设备内部元件紧固设计存在缺陷。

通常在产生悬浮放电时，由于电动力的影响，悬浮部件时常伴随着振动，并发生多次放电，长时间的悬浮放电将烧蚀金属部件并产生金属粉尘。悬浮放电能量较大，放电产生的金属粉末易导致绝缘件沿面闪络。

悬浮放电缺陷放电信号通常在工频相位的正、负半周均会出现，且具有一定对称性，放电信号幅值很大且相邻放电信号时间间隔基本一致，放电次数少，放电重复率较低。PRPS谱图具有“内八字”或“外八字”分布特征。悬浮放电典型图谱如图 3-9 所示。

3）自由颗粒放电缺陷。自由颗粒可分为金属颗粒和非金属颗粒。自由颗粒放电缺陷是 GIS 设备最普遍的局部放电缺陷。GIS 设备内部的自由颗粒放电缺陷的形成主要有以下四种原因：

a. GIS 设备制造安装或现场检修过程中，工艺及条件不达标导致金属颗粒

44

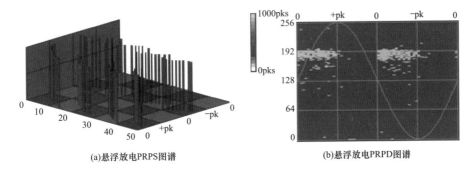

(a)悬浮放电PRPS图谱　　　　　　　　　(b)悬浮放电PRPD图谱

图 3-9　自由颗粒放电典型图谱

或粉尘进入腔体内部，运行过程中发生放电现象；

b. GIS 设备长期运行导致筒体内壁或其他部件的油漆起皮或脱落，改变了内部电场的分布，导致局部放电；

c. GIS 设备内部断路器等操作部件在分合闸过程中触头碰撞、摩擦导致金属颗粒的产生，引起局部放电；

d. 其他局部放电过程产生的颗粒粉末加剧放电。

自由颗粒在设备内部电场力及重力作用下发生随机性跳动现象。当颗粒在高压导体和低压外壳之间跳动幅度较大时，增加了设备主绝缘击穿的风险。颗粒越大且越接近高压导体，发生故障的风险越大。如果颗粒移动到绝缘子上，可能导致绝缘子表面闪络受损，造成更大的运行风险。

颗粒可能存在于壳体上或盆式绝缘子表面，只要 GIS 内部存在颗粒，就是有害的。因为它的随机运动，信号可能会增大，也有可能会消失，颗粒掉进壳体陷阱中不再运动，可等同于毛刺。

自由颗粒局部放电信号极性效应不明显，任意相位上均有分布，放电次数少，放电幅值无明显规律，放电信号时间间隔不稳定。提高电压等级放电信号幅值增大但放电间隔降低。自由颗粒放电典型图谱如图 3-10 所示。

4) 绝缘沿面或空穴放电缺陷。绝缘缺陷可发生在绝缘子内部或表面。内部缺陷通常是绝缘件内部空穴或裂纹引起的局部放电；表面缺陷通常是由其他类型缺陷二次效应引起，如金属微粒、局部放电产生的分解物附着等。

GIS 设备内部绝缘缺陷形成的主要有以下三种原因：

a. 绝缘件的制造流程和工艺存在缺陷，内部有空穴或表面存在裂纹、污秽

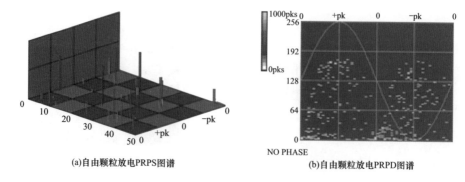

(a)自由颗粒放电PRPS图谱　　　　　　　(b)自由颗粒放电PRPD图谱

图 3-10　自由颗粒放电典型图谱

等现象，运行中发生空穴放电等缺陷；

b. 运行中的绝缘件也有可能由于表面污秽而发生沿面放电；

c. 绝缘件环氧树脂材料与电极具有不同的热膨胀系数，可能会产生气隙，引发局部放电。

空穴将导致局部电场畸变，进而产生局部放电，在其长时间累积作用下，气隙可能进一步发展并最终导致绝缘部件的绝缘性能严重下降，最终导致设备故障。

由于空穴放电和沿面放电具有类似的放电特征，现场检测难以明确区分，可借助 SF_6 气体分解产物分析等检测技术进一步分析。

绝缘沿面和空穴放电信号通常在工频相位的正、负半周均会出现，且具有一定对称性，放电信号幅值较分散，且放电次数较少。绝缘沿面和空穴放电典型图谱如图 3-11 所示。

5）复合缺陷。现场检测时，被测设备可能同时包括多个缺陷，由此造成放电信号呈现混合信号特征，给放电类型判断造成较大困难。对于混合信号，重点按如下步骤进行分析判断：

a. 不同缺陷产生的放电信号发生相位不同。若在工频半波周期内，检测到的信号呈现两簇独立的放电信号，该类信号极可能为混合信号，应对两簇独立信号进行综合分析。

b. 不同缺陷产生的放电信号特征不同。若被测信号明显由两类不同缺陷产生的放电信号的叠加而成，如悬浮电位缺陷信号与金属尖端缺陷信号的叠加后

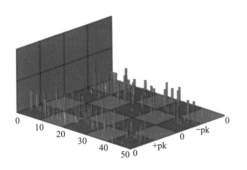
(a)绝缘沿面和空穴放电PRPS图谱

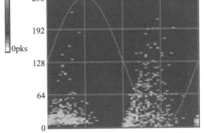
(b)绝缘沿面和空穴放电PRPD图谱

图 3-11　绝缘沿面和空穴放电典型图谱

各自特征仍非常明显，可明显判断为混合信号。

　　c. 若无法判断放电信号是否为混合信号时，但局部放电定位发现有多个放电源时，则可判断为混合信号，可使用示波器对混合信号进行独立分析；

　　d. 若确定为混合信号，可尝试采用频带滤波的方式进行独立分析。

第4节　典　型　案　例

案例 3-1　电晕放电缺陷实例（断路器仓内壁上漆皮开裂）

　　某 110kV 变电站 GIS 设备进行状态监测时，使用超高频局部放电监测装置发现 113 间隔信号三维谱图具有明显放电特征。如图 3-12、图 3-13 所示，其他部位正常。

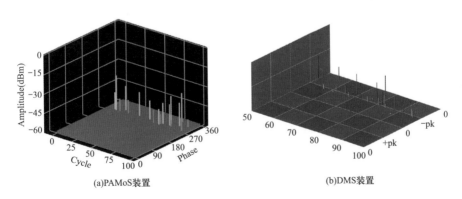
(a)PAMoS装置
(b)DMS装置

图 3-12　两种超高频局部放电监测装置监测到 113 断路器仓（上口）放电三维谱图

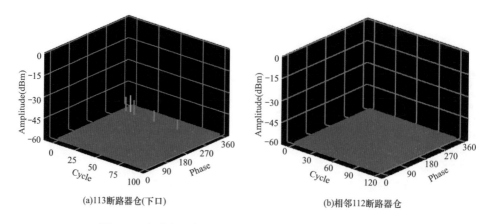

(a)113断路器仓(下口)　　　　　　　(b)相邻112断路器仓

图 3-13　超高频局部放电监测装置在其他部位监测到信号

对 113 断路器仓进行开仓处理。在打开 113 断路器仓上手孔盖后可看见断路器仓内壁上漆皮开裂，如图 3-14 所示。

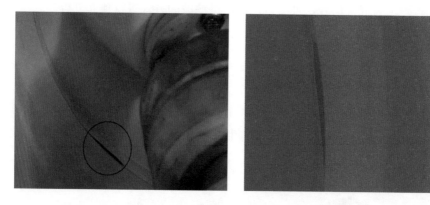

图 3-14　113 断路器仓内壁上裂起的漆皮

案例 3-2　悬浮电位放电缺陷实例（支撑绝缘子与断路器气室顶板之间的固定件松动）

采用特高频局部放电检测仪对 110kV 某站的 GIS 设备进行了局部放电测试，发现 3 个幅值很大的局部放电信号，具体情况如下：

（1）2M 电压互感器 112TV 间隔有较强的间歇性局部放电信号；

（2）1 号主变压器变高 1101 间隔断路器气室有间歇性的局部放电信号；

（3）110kV 1M、2M 分段 1012 间隔断路器气室间隔有间歇性的局部放电信号。

测试数据分析及缺陷位置如图 3-15～图 3-18 所示。

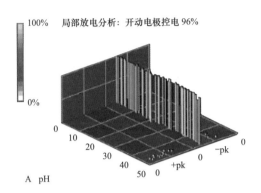

图 3-15　局部放电 PRPS 图

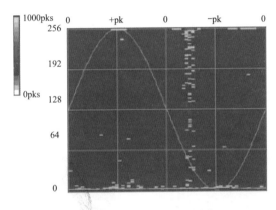

图 3-16　局部放电 PRPD 图

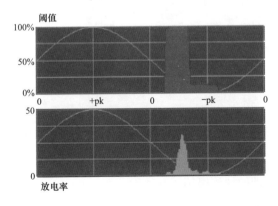

图 3-17　局部放电峰值保持图

图 3-18　局部放电位置图

在 110kV1 号主变压器高压侧 1101 间隔和 1M、2M 分段 1012 间隔断路器气室间隔的 GIS 设备内部存在幅值较大、密度相当低的间歇性局部放电信号，局部放电信号可能来源于黄框区域，缺陷类型为悬浮电位放电。

通过对 1 号主变压器高压侧 1101 间隔和 1M、2M 分段 1012 间隔断路器气室间隔（黄框位置）的 GIS 设备气室进行了开盖检查，发现支撑绝缘子与断路器气室顶板之间的固定件有松动，造成的浮动电极放电。解体情况如图 3-19～图 3-21 所示。

图 3-19　解体现场照片

图 3-20　放电产生的氟化物图

案例 3-3　自由颗粒缺陷实例（断路器仓内部自由粒子放电缺陷）

对某变电站 110kV GIS 三次检测中均发现 134 间隔 B 相断路器仓内存在局部放电，并存在两种局部放电信号：

（1）连续的局部放电信号，相位分布非对称，信号幅值相对较小。

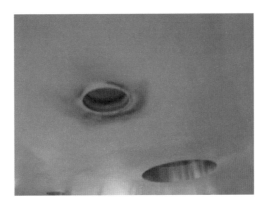

图 3-21　盖板上的放电痕迹

（2）间歇式的放电信号，相位分布对称，信号幅值较大。134 间隔盆式绝缘子编号示意图如图 3-22 所示，134 间隔 B 相检测信号如图 3-23 所示。

图 3-22　134 间隔盆式绝缘子编号示意图

6 月 15 日特高频发现 134B 相存在异常信号。通过对不同盆式绝缘子检测图谱幅值比较，初步定位此异常信号位于 134B 相断路器仓中部靠上位置（5 号盆式绝缘子信号幅值最大，以下称此信号为信号 1）。

7 月 24 日复测过程中，检测发现 134 间隔 B 相内还存在第二种间歇性放电信号（以下统称信号 2），如图 3-24 所示，此信号在 6 月 15 日及 7 月 5 日测试中并未出现。将探头分别长时间捆绑在 4、5、6 号三个盆式绝缘子上，通过对比可看出此信号是同一放电信号，且 5 号盆式绝缘子处信号最大，A 相和 C 相

51

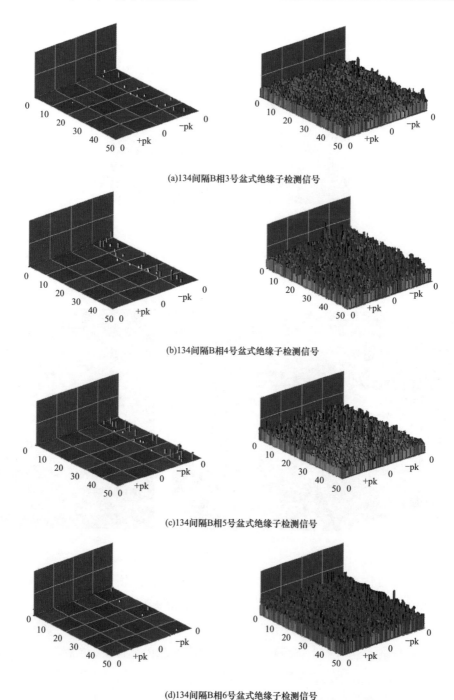

(a)134间隔B相3号盆式绝缘子检测信号

(b)134间隔B相4号盆式绝缘子检测信号

(c)134间隔B相5号盆式绝缘子检测信号

(d)134间隔B相6号盆式绝缘子检测信号

图 3-23 间隔 B 相检测信号（左图无放大器，右图加装放大器）

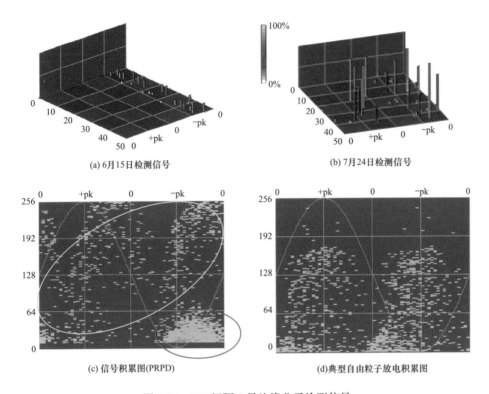

(a) 6月15日检测信号　　　　　　　　　　(b) 7月24日检测信号

(c) 信号积累图(PRPD)　　　　　　　　　(d)典型自由粒子放电积累图

图 3-24　134 间隔 5 号绝缘盆子检测信号

检测不到此信号。通过对比 4、6 号盆式绝缘子信号大小，判断信号源于 134B 相断路器仓内，且该信号与典型自由粒子放电信号图谱相似度较高。

采用特高频传感器、示波器对放电源进行两次定位，传感器布置位置为 1 号探头放置于 134 间隔 B 相断路器上口盆子处，2 号探头放置于下口盆子处，检测定位如图 3-25 所示。根据示波器波形分析，1 号探头（5 号绝缘盆子）先测到放电信号，放电信号距离上口较近，两探头之间信号时延 2.1ns，根据计算放电源距离 1 号探头（5 号绝缘盆子）51cm。

9月4日，对 134 间隔断路器仓开仓进行检查，如图 3-26 所示。检查中发现断路器仓底部存在少量金属碎屑，断路器灭弧室表面局部有少量灰尘，其他无发现异常现象。

缺陷是由于断路器灭弧室内动、静触头摩擦导致铜屑的产生。经分析该 GIS 断路器灭弧室为外部绝缘材质圆柱筒，内部动、静触头结构，当内部存在少量铜屑时，会产生自由粒子局部放电。

53

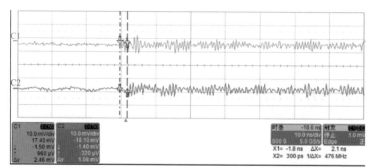

(a)示波器检测信号波形

(b)特高频探头放置位置

(c)134间隔放电源位置

图 3-25　示波器检测定位示意图

(a)吸附剂上的铜屑

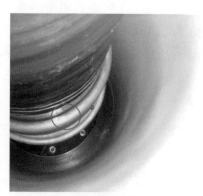

(b)断路器底部存在铜屑

图 3-26　断路器仓内部

案例 3-4　绝缘缺陷案例（支持绝缘子气隙缺陷）

使用便携式特高频局部放电检测仪在 110kV 某站 3 号间隔 GIS 设备进行了局部放电测试，发现最高信号幅值出现在隔接气室的 B3 盆式绝缘子上。图谱如图 3-27～图 3-29 所示。

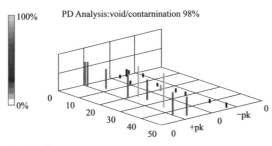

图 3-27　局部放电 PRPS 图

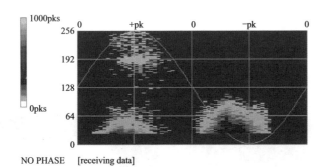

图 3-28　局部放电 PRPD 图

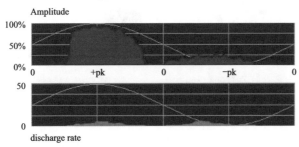

图 3-29　局部放电峰值保持显示图

在3号GIS设备间隔隔接气室内部存在一个幅值很大的绝缘缺陷放电信号，放电信号源的位置大约距离B3测试点0.30m（见图3-30的蓝线位置）。GIS设备的这个位置上分布有3个支撑柱，建议尽快对该区域进行开盖并检查这些支撑柱以寻找缺陷。

图3-30　缺陷位置图

对3号间隔的隔接气室进行了解体分析，解体后肉眼不能发现明显的局部放电痕迹，将3个支撑绝缘子进行了更换处理。更换完成后对GIS设备进行局部放电测试，没有监测到明显的局部放电信号，确认设备的绝缘缺陷已经消除。对更换下的支撑绝缘子进行X射线测试，在C相的支持绝缘子上发现了一个2～3mm大的气隙缺陷。如图3-31、图3-32所示。

图3-31　解体现场照片图　　　　图3-32　X射线成像照片

案例3-5　GIS断路器绝缘拉杆内部缺陷（绝缘空穴）

在对某220kV变电站110kV GIS进行特高频局部放电检测时，发现3号主变压器110kV断路器C相气室有异常特高频信号。该信号放电次数较少，重复性低，幅值也较为分散，但放电相位较稳定，正负半周期各有一簇。SF₆气体分解产物分析显示该气室 H_2S 含量为 $3.8\mu L/L$。时差法定位该异常信号源位于 C 相断路器内部。

图 3-33 所示为采用特高频局部放电检测仪对 110kV 3 号主变压器间隔 C 相断路器两侧盆式绝缘子进行特高频局部放电检测。

图 3-34 所示为时差法定位信号波形图。对比两传感器时延特性，定位放电源位于该断路器气室内部。

图 3-33　现场特高频检测

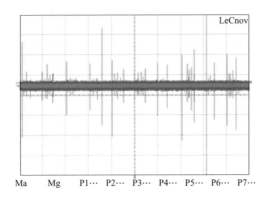

图 3-34　特高频时域信号

对 3 号主变压器 C 相断路器进行解体检查，并将内部绝缘件进行 X 光探伤和常规局部放电测量。X 光探伤未发现内部有明显裂纹、气隙等内部绝缘缺陷。C 相绝缘拉杆内部缺陷如图 3-35 所示。

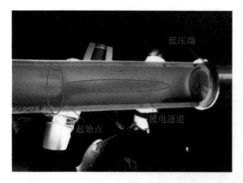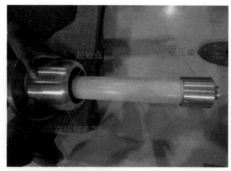

图 3-35　C 相绝缘拉杆内部缺陷

将拆解下绝缘拉杆与屏蔽罩重新组装，边缘打磨光滑处理后放入实验腔体，试验过程中发现有明显异常局部放电信号。如图 3-35 所示，将绝缘拉杆沿轴向剖开，并对照原始安装结构，可以看到，绝缘拉杆上放电通道的起始点与高压端屏蔽罩边缘的位置是对应的。分析认为 C 相断路器绝缘拉杆存在绝缘缺陷，并产生局部放电。

通过本次特高频局部放电检测，发现并解体验证 3 号主变压器 110kV 断路器 C 相绝缘拉杆内部存在绝缘缺陷，放电通道位于绝缘拉杆壁内，从绝缘拉杆最靠近高压屏蔽罩处开始，逐步向低压侧生长发展，如不及时采取措施，必将导致绝缘击穿事故。

第4章　暂态地电压局部放电检测技术

第1节　暂态地电压局部放电检测技术原理

1. 暂态地电压的产生机理

在开关柜设计过程中，为了减小设备尺寸，使得结构更加紧凑，一般在制造中采用了大量的绝缘材料，如环氧浇注的 TA、TV、静触头盒、穿墙套管、相间隔板等。这些绝缘部件加工过程中，如在交联聚乙烯电缆的挤出和环氧树脂的浸渍工艺中，有时会不可避免地引入气隙、细小的裂纹和杂质等缺陷。因为气体的介电常数低于周围固体绝缘的介电常数，而且气体的击穿场强通常要比固体材料的低，所以在外加电压作用下气隙会首先发生气体击穿。当这些绝缘材料内部发生局部放电时，单个放电持续时间一般只有几纳秒，放电电极之间的电荷发生快速的交变，则靠近放电点的金属屏蔽层表面电位随之变化，从而形成快速交变的脉冲电流，此脉冲电流的频率很高，一般可以达到几十兆赫兹。由于高频电流的集肤效应，此脉冲电流只在导体表面传输。对于金属屏蔽内部的局部放电，此脉冲电流首先在金属屏蔽内表面传播，如果金属外壳对内是连续屏蔽的，则无法在外部检测到局部放电信号，但是实际上，开关柜的金属外壳在绝缘衬垫、箱体连接处、终端等部位会存在不连续的缝隙，高频电流信号可通过这些缝隙传输到设备外层，产生一个暂态电压，此电压信号称为暂态对地电压（TEV）。

2. 暂态地电压检测技术

暂态地电压检测技术（又称为 TEV，Transient Earth Voltage）最早是由英国的 Dr. John Reeves 于 1974 年首次提出，他发现电力设备内部局部放电脉冲激发的电磁波能在设备金属壳体上产生一个瞬时的对地电压，这些瞬时的电压脉冲可由设备外表面安装一个特制的电容传感器所检测到，从而判断设备内部绝缘状态。

暂态地电压检测技术是一种检测电力设备内部绝缘缺陷的技术，广泛应用于开关柜、环网柜、电缆分支箱等配电设备的内部绝缘缺陷检测。因为暂态地电压脉冲是从金属壳体内部向外部传播的，并且这种脉冲信号只有在金属外壳体的间断处才能被测量到，所以该检测技术不适用于金属外壳完全密封的电力设备（如部分 GIS、C-GIS 等）。

当配电设备发生局部放电现象时，带电粒子会快速地由带电体向接地的非带电体快速迁移，如配电设备的柜体，并在非带电体上产生高频电流行波，且以光速向各个方向快速传播。受集肤效应的影响，电流行波往往仅集中在金属柜体的内表面，而不会直接穿透金属柜体。但是，当电流行波遇到不连续的金属断开处或绝缘连接处时，电流行波会由金属柜体的内表面转移到外表面，并以电磁波形式向自由空间传播，且在金属柜体外表面产生暂态的电压，而该电压可用专门设计的暂态地电压传感器进行检测，具体如图 4-1 所示。

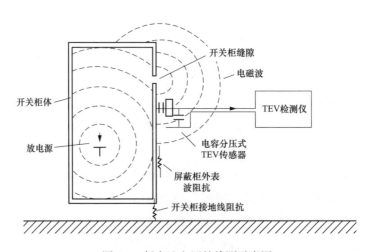

图 4-1　暂态地电压的检测示意图

由于配电设备柜体存在电阻，局部放电产生的电流行波在传播过程中必然存在功率损耗，金属柜体表面产生的暂态地电压不仅与局部放电量有关，还会受到放电位置、传播途径以及箱体内部结构和金属断口大小的影响。因此，暂态地电压信号的强弱虽与局部放电量呈正比，但比例关系却复杂、多变且难以预见，也就无法根据暂态地电压信号的测量结果定量推算出局部放电量的多少。

暂态地电压传感器类似于传统的 RF 耦合电容器，其壳体兼做绝缘和保护双重功能。当金属柜体外表面出现快速变化的暂态地电压信号时，传感器内置的金属极板上就会感生出高频脉冲电流信号，此电流信号经电子电路处理后即可得到局部放电的强度。

如果在配电设备柜体表面同时放置两只暂态地电压传感器，则局部放电源发出的电磁波脉冲经过不同的路径先后传播到两只暂态地电压传感器，仪器通过比较或者测量电磁脉冲到达两只传感器的时间先后或者大小，则可以判断出局部放电源的空间位置。

第 2 节　暂态地电压局部放电检测仪技术要求

1. 暂态地电压检测仪工作原理

（1）暂态地电压传感器的原理电路。暂态地电压传感器的原理电路如图 4-2 所示。

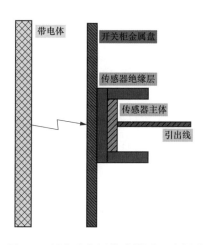

图 4-2　暂态地电压传感器原理示意图

暂态地电压传感器是一个前面覆盖有 PVC 塑料的金属盘，并用同轴屏蔽电缆引出。PVC 塑料一方面充当绝缘材料，另一方面对传感器起到保护和支撑作用。测量时，暂态地电压传感器抵触在开关柜金属柜体上面，裸露的金属柜体可看作平板电容器的一个极板，而暂态地电压传感器则可看作平板电容器的另一个极板，中间的填充物则为 PVC 塑料。

对于由金属柜体、PVC 材料和暂态地电压传感器构成的平板电容器来说，金属柜体表面出现的任何电荷变化均会在暂态地电压传感器的金属盘上感应出同样数量的电荷变化，并形成一定的高频感应电流。该高频电流经引出线输入到检测设备内部并经检测阻抗转换为与放电强度成正比的高频电压信号。经检测设备处理后，则可得到开关柜局部放电的放电强度、重复率等特征参数。耦合电容器的电压—电流关系为

$$i_{PD} = C \frac{dU_{tev}}{dt} \tag{4-1}$$

其中，i_{PD} 为暂态地电压传感器输出的电流信号；U_{tev} 为测量点处的暂态地电压信号；C 为用电容量表征的暂态地电压传感器设计参数。

式（4-1）表示的高频电流信号在检测设备内部被检测阻抗变换为电压信号。

$$U_m = RC \frac{dU_{tev}}{dt} \tag{4-2}$$

值得注意的是，根据式（4-2）可知，不同厂家设计的暂态地电压检测仪器可能在同一次检测中得到不同的检测结果，主要原因有：

1）暂态地电压检测设备的测量结果与暂态地电压传感器的设计参数密切相关，如果不采取补偿措施，不同的传感器设计参数可能会得到不同的检测结果；

2）暂态地电压检测设备的测量结果与暂态地电压信号的频谱特性密切相关。不同放电类型的放电，即便具有相同的放电强度，暂态地电压检测设备也可能会给出不同的检测结果；

3）暂态地电压法的测量结果与检测仪器内部的阻抗参数有关。

（2）暂态地电压检测仪的基本组成及功能。暂态地电压检测仪器的组成框图见图 4-3，主要分暂态地电压信号检测和信号定位两大功能。

1）暂态地电压检测功能。暂态地电压检测仪器由 TEV 传感器及其信号调理电路、模数转换电路、微处理器电路、人机接口、存储器、通信接口和电源管理单元组成。信号调理电路负责将微弱的暂态地电压信号转换为合适的信号电平、波形和频率；模数转换电路负责将信号调理电路输出的模拟信号转换为数字信号，并提供给微处理器系统，实现信号的处理、分析和存储；人机接口电路实现操作者与检测设备的信息交互；数据存储电路实现检测数据和设备

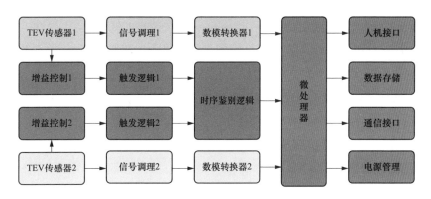

图 4-3　暂态地电压检测仪框图

信息的就地存储；通信接口电路用于实现检测设备终端与数据管理系统的信息交换；电源管理单元负责电源的电压变换和储能部件的充电管理及监测。最核心的是暂态地电压信号调理电路，其原理框图如图 4-4 所示。其中，模拟滤波电路用于对暂态地电压传感器馈入的模拟信号进行处理，限制其带宽，以最大限度地降低外部环境的电磁干扰和提高局部放电检测的灵敏度；对数放大电路用于对暂态地电压信号进行非线性放大；峰值检波电路用于对持续时间短至 ps级的局部放电信号进行处理，提取对局部放电检测最为重要的幅值信号，而将其持续时间展宽至 μs 级，以降低后续采样与转换电路的设计指标要求。

图 4-4　暂态地电压信号调理电路原理示意图

暂态地电压信号调理电路具有下列基本特征：

a. 信号调理电路的频谱特性需要兼顾灵敏度和抗干扰特性的要求。对于主导频率处于所设计频带范围之外的局部放电现象，检测设备存在失效的可能。对于开关柜来说，局部放电所产生电磁波信号的最高频率一般不超过100MHz；

b. 对数放大器对于弱信号具有很高的放大增益，因此对于轻微的局部放电现象具有较高的灵敏度。同时，对数放大器对于大信号又具有很小的增益，因此，对于剧烈的放电现象能够自动限制信号幅值，保证检测设备的电气安全；

c. 峰值检波电路能够保留对局部放电检测最为重要的峰值信息，而忽略了局部放电原始信号的频率信息。一般来说，检波时间常数可达到$100\mu s$，因此，即便采用1MHz的采样率也能够正确测量局部放电。对便携式检测设备的采样率要求提出过高的技术要求毫无必要；

d. 重复率过高的局部放电信号将会导致峰值检波电路的输出存在很大的直流分量，不同的信号提取算法可能会导致不同的测量结果。

2）暂态地电压定位功能。暂态地电压检测仪器的定位功能一般采用时差原理实现，一般采用硬件数字电路实现，主要包括：两路几乎完全相同的 TEV 传感器、增益控制电路、触发逻辑电路以及最后对电磁脉冲信号实现时序鉴别的高速逻辑电路。

增益控制电路主要用来将传感器输入的暂态地电压信号放大或者衰减到合适的电压水平，并与触发逻辑的设定值相匹配，以便精确获得暂态地电压信号的触发时刻；触发逻辑电路的主要功能是将模拟的暂态地电压信号转换为合适的数字逻辑电平，且严格保证逻辑电平的前沿与暂态地电压的出现时刻保持一致；时序鉴别逻辑电路对两路触发逻辑电路输出的脉冲信号进行优先级鉴别，并提供对称的时序鉴别逻辑输出；微处理器读取时序鉴别逻辑的输出，则可以判断出暂态地电压信号出现的时间先后，从而帮助操作人员判断出局部放电源的大致位置。

2. 暂态地电压检测仪指标体系

（1）暂态地电压检测的量度指标。暂态地电压法局部放电检测技术属于间接法局部放电检测技术，其信号波动范围大，随机性强，而且检测结果与放电源的位置和传播途径存在复杂的关联关系，因此，难以按照 IEC 60270 标准的要求进行标定。为了实现对高压开关柜局部放电严重程度的带电检测，并考虑间接法检测的实际特点和检测设备设计的复杂性，其指标体系经常采用无线电电子学的测量单位，最经常使用的单位主要有 dBmV、$dB\mu V$ 和 dBm。

1）dBmV。对于高压开关柜来说，其局部放电所产生的暂态地电压信号的幅值一般在1m～1V 左右。暂态地电压测量系统一般以电压为基准，以 dBmV 为单位进行测量。按照标准定义，dBmV 是以 1mV 为基准，测量电压 U_m（有效值或者峰-峰值）以 mV 为单位进行的测量。即有：

$$AdBmV = 20\log\left(\frac{U_m}{1mV}\right) \tag{4-3}$$

根据定义，对于 1mV 的暂态地电压信号，其对应的 dBmV 值为 0；而对于 1V 的暂态地电压信号，其对应的 dBmV 值则为 60。显然，幅值变化范围为 1000 倍的暂态地电压信号被压缩到 100 以内。

2）dBμV。对于高压开关柜来说，其局部放电所产生的超声波信号幅值变化比暂态地电压还要大，范围约在 $0.5\mu\sim100$mV 之间。超声波测量系统一般以电压为基准，以 dBμV 为单位进行测量。

按照标准定义，dBμV 是以 1μV 为基准，测量电压 U_m（有效值或者峰－峰值）以 μV 为单位进行的测量。即有

$$AdB\mu V = 20\log\left(\frac{U_m}{1\mu V}\right) \tag{4-4}$$

根据定义，对于 0.5μV 的超声波信号，其对应的 dBμV 值为 -6；而对于 100mV 的超声波信号，其对应的 dBμV 值则为 100。显然，幅值变化范围为 20000 倍的超声波信号被压缩到 100 以内。

3）dBmW。dBm 是 dBmW 单位的缩写。无论是 dBmV 还是 dBμV，都是一种电压测量体系，与负载阻抗没有关系，而 dBm 则是一种功率测量体系。

根据标准定义，dBm 是以 1mW 为基准，信号功率 Pm 以 mW 为单位进行的测量。即有

$$AdBm = 10\log\left(\frac{P_m}{1mW}\right) \tag{4-5}$$

对于大多数射频测量设备，输入阻抗和负载阻抗一般为 50Ω。根据定义，将式（4-3）代入式（4-5），则有

$$A_1 dBm_{50} = 10\log\left\{\frac{U_m^2 \times 10h_m}{1000 \times R(1mV)^2}\right\} = 20\log\left\{\frac{U_m}{1mV}\right\} - 10\log(75 \times 1000)$$

$$= A_2 dBmV - 48.75$$

（2）暂态地电压检测仪器的主要技术指标。

1）频带范围。仪器能够正确检测的射频信号频带范围，一般为 3M～100MHz。值得注意的是，由于局部放电信号属于非稳态高频信号，频带范围的标定标准与常见标准存在差异，一般很难沿用－3dB 标准。另一方面，对于开关柜的局部放电现象，射频信号主导频率低于 3MHz 的几率很高，因此，对于特定类型的局部放电，不同的暂态地电压法检测设备给出的检测结果可能存在较大的差异。

2）标称电容。暂态地电压传感器电容参数的计算值或稳态测量值，一般为 pF 级。不同的检测设备生产厂商根据设计要求，可能选择不同标称值的传感器，但一般不会超过 100pF。

3）测量范围为检测设备能够测量的射频信号的最大值或有效值。由于对数放大器对大信号的增益非常小，且目前尚无可靠的测量误差标定办法，因此，仪器的测量范围能够满足要求即可。

4）重复率为检测设备单位时间内或每工频周期能够正确分辨的放电活动次数。重复率仅统计放电强度超过设定水平的放电脉冲，由于每个设备厂商设定的判定标准存在差异，因此，重复率的测量结果可能会存在差异。值得注意的是，局部放电活动的根本特征是放电强度和重复性。实践过程中，对于放电强度过大而重复率过小，或者放电强度过小而重复率很大的局部放电现象，可能都属于干扰的范畴。

5）定位精度按照时间鉴别精度标定，不大于 2ns，对应的定位空间分辨率不大于 600mm。

6）增益控制精度。增益控制精度间接影响着暂态地电压脉冲的捕捉精度，是暂态地电压定位的重要误差来源，一般不高于 1dB。如果增益控制的步进精度过低，可能导致逻辑触发电路无法精确地在脉冲峰值处触发，使得不同暂态地电压信号通道的数字逻辑信号前沿时刻产生偏差，导致定位结果不准确。

3. 暂态地电压检测仪功能要求

（1）可显示暂态地电压信号幅值大小。

（2）具备报警阈值设置及告警功能。

（3）若使用充电电池供电，充电电压为 220V、频率为 50Hz，充满电后单次连续使用时间不少于 4h。

（4）应具有仪器自检功能。

（5）应具有数据存储和检测信息管理功能。

（6）应具有脉冲计数功能。

（7）宜具有增益调节功能，并在仪器上直观显示增益大小。

（8）具备基于电磁波信号时差法的局部放电定位功能。

（9）宜具有图谱显示功能，显示脉冲信号在工频 0～360°相位的分布情况，具有参考相位测量功能。

（10）宜具备状态评价功能。提供局部放电信号的幅值、相位、放电频次等信息中的一种或几种，并可采用波形图、趋势图等谱图中的一种或几种进行展示。

（11）宜具备放电类型识别功能，判断绝缘沿面放电、绝缘内部气隙放电、金属尖端放电等放电类型，或给出各类局部放电发生的可能性，诊断结果应当简单明确。

第 3 节　暂态地电压局部放电检测作业指导

1. 检测条件要求

（1）环境要求。

1）环境温度宜在－10～40℃。

2）环境相对湿度不高于80％。

3）禁止在雷电天气进行检测。

4）室内检测应尽量避免气体放电灯、排风系统电机、手机、相机闪光灯等干扰源对检测的影响。

5）通过暂态地电压局部放电检测仪器检测到的背景噪声幅值较小，不会掩盖可能存在的局部放电信号，不会对检测造成干扰，若测得背景噪声较大，可通过改变检测频段降低测得的背景噪声值。

（2）待测设备要求。

1）开关柜处于带电状态。

2）开关柜投入运行超过 30min。

3）开关柜金属外壳清洁并可靠接地。

4）开关柜上无其他外部作业。

5）退出电容器、电抗器开关柜的自动电压控制系统（AVC）。

（3）人员要求。

1）接受过暂态地电压局部放电带电检测培训，熟悉暂态地电压局部放电检测技术的基本原理、诊断分析方法，了解暂态地电压局部放电检测仪器的工作原理、技术参数和性能，掌握暂态地电压局部放电检测仪器的操作方法，具备现场检测能力。

2）了解被测开关柜的结构特点、工作原理、运行状况和导致设备故障的基本因素。

3）具有一定的现场工作经验，熟悉并能严格遵守电力生产和工作现场的相关安全管理规定。

4）检测当日身体状况和精神状况良好。

（4）安全要求。

1）应严格执行《国家电网公司电力安全工作规程（变电部分）》的相关要求，填写变电站第二种工作票，检修人员填写变电站第二种工作票，运维人员使用维护作业卡。

2）暂态地电压局部放电带电检测工作不得少于两人。工作负责人应由有检测经验的人员担任，开始检测前，工作负责人应向全体工作人员详细布置检测工作的各安全注意事项，应有专人监护，监护人在检测期间应始终履行监护职责，不得擅离岗位或兼职其他工作。

3）检测时，检测人员和检测仪器应与设备带电部位保持足够的安全距离。检测人员应避开设备泄压通道。

4）在进行检测时，要防止误碰误动设备。

5）测试时，人体不能接触暂态地电压传感器，以免改变其对地电容。

6）检测中，应保持仪器使用的信号线完全展开，避免与电源线（若有）缠绕一起，收放信号线时禁止随意舞动，并避免信号线外皮受到刮蹭。

7）在使用传感器进行检测时，应戴绝缘手套，避免手部直接接触传感器金属部件。

8）检测现场出现异常情况（如异音、电压波动和系统接地等），应立即停止检测工作并撤离现场。

（5）检测准备。

1）检测前，应了解被测设备数量、型号、制造厂家、安装日期等信息以及运行情况。

2）配备与检测工作相符的图纸、上次的检测记录、标准作业卡。

3）现场具备安全可靠的检修电源。

4）检查环境、人员、仪器、设备、工作区域满足检测条件。

5）按国家电网有限公司安全生产管理规定办理工作许可手续。

6）检查仪器完整性和各通道完好性，确认仪器能正常工作，保证仪器电量充足或者现场交流电源满足仪器使用要求。

2. 诊断分析方法

（1）检测步骤。

1）有条件情况下，关闭开关室内照明及通风设备，以避免对检测工作造成干扰。

2）检查仪器完整性，按照仪器说明书连接检测仪器各部件，将检测仪器开机。

3）开机后，运行检测软件，检查界面显示、模式切换是否正常稳定。

4）进行仪器自检，确认暂态地电压传感器和检测通道工作正常。

5）若具备该功能，设置变电站名称、开关柜名称、检测位置并做好标注。

6）测试环境（空气和金属）中的背景值。一般情况下，测试金属背景值时可选择开关室内远离开关柜的金属门窗；测试空气背景时，可在开关室内远离开关柜的位置，放置一块 20cm×20cm 的金属板，将传感器贴紧金属板进行测试。

7）每面开关柜的前面和后面均应设置测试点，具备条件时（例如一排开关柜的第一面和最后一面），在侧面设置测试点，检测位置可参考图 4-5。

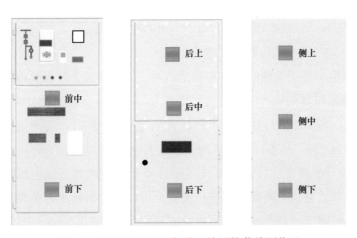

图 4-5　暂态地电压局部放电检测推荐检测位置

8）确认洁净后，施加适当压力将暂态地电压传感器紧贴于金属壳体外表面，检测时传感器应与开关柜壳体保持相对静止，人体不能接触暂态地电压传感器，应尽可能保持每次检测点的位置一致，以便于进行比较分析。

9）在显示界面观察检测到的信号，待读数稳定后，如果发现信号无异常，幅值较低，则记录数据，继续下一点检测。

10）如存在异常信号，则应在该开关柜进行多次、多点检测，查找信号最大点的位置，记录异常信号和检测位置。

11）出具检测报告，对于存在异常的开关柜隔室，应附检测图片和缺陷分析。

（2）暂态地电压检测结果常见分析方法。

1）背景噪声对暂态地电压局部放电分析的影响。开关柜金属柜体的暂态地电压水平从能量角度来看，可认为是外部空间的电磁干扰与局部放电共同作用的结果。

暂态地电压放电幅值定义如表 4-1 所示。

表 4-1 暂态地电压放电幅值定义

符号	定义
dBN	金属门等处测量的噪声分贝值，即背景噪声值
dBNS	开关柜实测的暂态地电压分贝值，包括噪声的影响，即实测值
dBS	开关柜局部放电的暂态地电压理论分贝值，即实际值

在巡检过程中可以通过测量得到的数值是 dBN 和 dBNS。通过公式（4-6）可以计算得到 dBS：

$$dBS = f(dBNS, dBN) + dBN \qquad (4-6)$$

根据式（4-6）可以得到如下结论：

a. 实际值不等于实测值，也不简单的等于实测值减去背景噪声值。

b. 实测值与背景噪声值之间的差别越大，则实测值越接近于局部放电的实际值。其中，当实测值与背景噪声值的差别达到 15dB 时，实测值与实际值之间的误差约为 7%，基本可认为实测值接近实际值。

2）阈值分析技术。阈值分析技术通过将开关柜的暂态地电压局部放电检测数据与局部放电状态判断阈值进行比较，可以初步判断出开关柜目前的运行状况。具体的阈值（推荐参考值）比较流程如下。

a. 当开关室内背景噪声值在 20dB 以下时，这里开关柜的检测值指的是实测值。

① 如果开关柜的检测值在 20dB 以下，则表示开关柜正常，按照巡检周期安排再次进行巡检；

② 如果开关柜的检测值在 20～25dB，应对该开关柜加强关注，缩短巡检周期，观察检测幅值的变化趋势；

③ 如果开关柜的检测值在 25～30dB，则表明该开关柜可能存在局部放电现象，应缩短巡检的时间间隔，必要时应使用定位技术，对放电点进行定位；

④ 如果开关柜的检测值在 30dB 以上，则表明该开关柜存在局部放电现象，应使用定位技术对放电点进行定位。必要时，应使用在线监测装置对放电点进行长期在线监测；

b. 当开关室内背景噪声值在 20dB 以上时，要求开关柜的检测值（即实测值）与背景噪声值之间应有较大的差别，使得开关柜的检测值接近实际值，从而从背景噪声中被区别出来判断局部放电的状态。

① 如果开关柜的检测值与背景值之间的差距在 15dB 以下时，则表示开关柜正常，按照巡检周期安排再次进行巡检；

② 如果开关柜的检测值与背景值之间的差距在 15～20dB，应对该开关柜加强关注，缩短巡检周期，观察检测幅值的变化趋势；

③ 如果开关柜的检测值与背景值之间的差距在 20～25dB，则表明该开关柜可能存在局部放电现象，应缩短巡检的时间间隔。必要时，应使用定位技术对放电点进行定位；

④ 如果开关柜的检测值与背景值之间的差距在 25dB 以上，则表明该开关柜存在局部放电现象，应使用定位技术对放电点进行定位，必要时应使用在线监测装置对放电点进行长期在线监测；

所有故障处理过的开关柜，应再次对该开关室进行局部放电检测，检测结果与跟处理前进行比较，衡量故障处理的准确性。阈值比较技术比较简单，易于掌握，非常适合巡检现场使用。阈值比较技术关注于巡检时开关室内每个开关柜的局部放电检测状况，但是无法分析开关室内所有开关柜在此次巡检的整体状况。当遇到一个开关室内存在多个异常的开关柜或所有开关柜均异常时，阈值比较技术的作用有限，此时就需要采用横向分析技术来进一步分析。

3）统计分析技术。实施暂态地电压局部放电检测初期主要采用推荐参考值进行分析和判断。但是，不同地区在开关柜配备、环境、暂态地电压局部放电检测设备配备等方面存在差异，该推荐参考值并不一定适合本地的应用。因此，需要各个地区开展广泛的、长期的现场检测，累积足够的暂态地电压局部放电检测数据，通过统计分析和计算，可以修订和完善推荐参考值，从而获得适合不同地区地方特点的暂态地电压局部放电判断阈值。

以暂态地电压局部放电检测数据为统计样本可以计算得到以下的统计结果。

$$\begin{cases} \overline{U}_{tev} = E(V) = \dfrac{1}{N}\sum_{i=1}^{N}U_{i} \\ \sigma = \sqrt{\dfrac{1}{N}\sum_{i=1}^{N}(U_{i} - \overline{U}_{tev})^2} \end{cases} \tag{4-7}$$

式中：U_{tev} 表示统计样本的平均水平；σ 表示总体样本偏离平均水平的程度。

根据年度检修资金预算和人员配置的情况，合理选择允许的设备异常概率水平，由 U_{tev} 和 σ 可以计算出对应设备异常概率水平的状态判断阈值。

目前国内采用的推荐参考值来源于国外电力企业近 6000 次开关柜局部放电暂态地电压检测数据的统计分析，其中选择与前 10％样本计算对应的局部放电状态判据 $A=30dB$，与前 15％样本计算对应的局部放电状态判据 $A=25dB$，与前 25％样本计算对应的局部放电状态判据 $B=20dB$，这三个状态判据作为暂态地电压局部放电检测值 VdB 的状态判断阈值，即：

$$VdB < 20dB \text{——正常}$$
$$20dB \leqslant VdB < 25dB \text{——注意}$$
$$25dB \leqslant VdB < 30dB \text{——异常}$$
$$30dB \leqslant VdB \text{——严重}$$

具体统计分析样品百分比如图 4-6 所示。

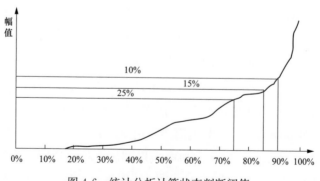

图 4-6 统计分析计算状态判断阈值

4）横向分析技术。横向分析技术就是充分考虑一组检测设备的共同性特征，并假定这些共同特征对状态数据检测具有同等的影响，从而根据实际检测结果推断单一设备状态异常程度。这些共同特征可以包括电力设备实际的空间安装位置、结构类型、制造商或制造水平、投运年限以及分属不同相别的同类部件等。

假如同一时间点获取的状态检测数据序列为 $\{X_i\}$，同时定义其均值

$$\overline{X} = \sum_{i=1}^{n} X_i \tag{4-8}$$

如果将状态检测数据序列看成 n 维欧几里得空间，则其均值 X 无疑位于欧几里得空间的中心，实测的状态检测数据偏离欧几里得中心的程度可用欧几里得距离或矩阵范数进行描述，即

$$d_i = //X_i - \overline{X}// = \max\{\mathrm{abs}(X_i - \overline{X})\} \tag{4-9}$$

如果确定需要实现 n 选 1，则矩阵范数最大者往往也就是问题的关键。

横向分析可供选择的基准特征很多，开关柜的安装空间位置就是其中一项。由于同一个开关室内开关柜基本来源于同一制造厂家，设备的绝缘水平理应不存在明显的差异。同时，由于安装空间临近，环境噪声对每面开关柜的影响也应基本一致。通过计算同次检测结果的总体平均水平，并衡量每个开关柜偏离总体平均水平的程度来判断设备是否存在绝缘缺陷。

正常情况下每面开关柜的测量结果差别不大，基本在总体平均水平上下波动，得到的曲线应是非常平缓，如图 4-7 所示，说明金属封闭开关柜内不存在明显的放电现象。

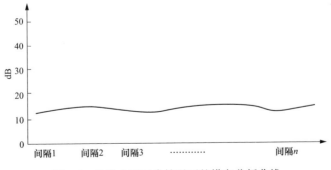

图 4-7　绝缘水平正常情况下的横向分析曲线

当某一开关柜个体的检测结果偏离总体平均水平较大时，可以判断此开关柜存在缺陷的概率较高。如图 4-8 所示，间隔 3 的局部放电水平明显偏离平均水平，且相邻两侧的数据迅速降低，说明间隔 3 存在故障的几率较高。

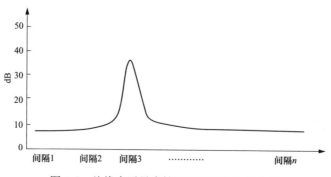

图 4-8　绝缘水平异常情况下的横向分析曲线

横向分析技术适合对开关室内一组开关柜的同一次检测数据进行分析，仅仅能够提供是否存在异常的可能性，但是无法对某一个开关柜的连续检测数据进行确切地定量分析，判断其变化趋势，而这恰恰是趋势分析技术的作用。

5）纵向分析技术。纵向分析技术充分考虑电力设备劣化规律的特点，认为绝缘劣化属于一种缓慢累积的准稳态过程。因此，当前及未来的设备状态可通过前期检测数据提前预测，而实测值与预测值的严重偏离往往意味着设备状态的突然变化，从而判断出合适的状态检修时间。

纵向分析时，假定某一开关柜的绝缘水平不会发生突发性恶化，连续性的局部放电检测数据不会出现大的差异，即变化量保持稳定，且围绕平均水平波动，可以通过分析局部放电检测数据偏离平均水平的变化趋势程度来判断设备是否产生绝缘缺陷及缺陷严重程度。

第 4 节　典　型　案　例

案例 4-1　　　　　　　　　　**开关柜前仓局部放电异常**

变电站名称	500kV 某变电站	设备类别	户内铠装移开式交流金属封闭开关设备
设备厂家	西安西开中低压开关有限责任公司	设备型号	KYN61-40.5

续表

仪器名称	便携式局部放电检测仪	仪器型号	Ultra TEV plus+
温度	31℃	湿度	52%

序号	测量部位	背景噪声值（dBmV）	测试值（dBmV）	备注
1	前中	空气：1 金属：6	26	
2	前下	空气：1 金属：6	29	
3	后上	空气：1 金属：6	9	
4	后中	空气：1 金属：6	13	
5	后下	空气：1 金属：6	14	
6	侧Ⅰ上	空气：1 金属：6	9	
7	侧Ⅰ中	空气：1 金属：6	10	
8	侧Ⅰ下	空气：1 金属：6	9	
9	侧Ⅱ上	空气：1 金属：6	7	
10	侧Ⅱ中	空气：1 金属：6	7	
11	侧Ⅱ下	空气：1 金属：6	5	
12	侧Ⅲ上	空气：1 金属：6	6	
13	侧Ⅲ中	空气：1 金属：6	9	
14	侧Ⅲ下	空气：1 金属：6	5	
结论	根据 Q/GDW 11060—2013《交流金属封闭开关设备暂态地电压带电测试技术现场应用导则》，该开关柜前中、前下与环境背景值（金属背景）比较差值分别为 20dBmV、23dBmV，均大于或等于 20dBmV，故判断该开关柜状态异常			

案例 4-2   **开关柜后仓局部放电异常**

变电站名称	330kV 某变电站	设备类别	户内铠装移开式交流金属封闭开关设备
设备厂家	甘肃电力明珠益和电气有限责任公司	设备型号	JDZX9-35W2
仪器名称	华乘局部放电测试仪	仪器型号	PDS-T90
温度	28℃	湿度	48%

序号	测量部位	背景噪声值（dBmV）	测试值（dBmV）	备注
1	前中	空气：6 金属：7	11	
2	前下	空气：6 金属：7	6	
3	后上	空气：6 金属：7	28	
4	后中	空气：6 金属：7	28	
5	后下	空气：6 金属：7	25	
6	侧Ⅰ上	空气：6 金属：7	16	
7	侧Ⅰ中	空气：6 金属：7	18	
8	侧Ⅰ下	空气：6 金属：7	15	
9	侧Ⅱ上	空气：6 金属：7	6	
10	侧Ⅱ中	空气：6 金属：7	7	
11	侧Ⅱ下	空气：6 金属：7	6	
12	侧Ⅲ上	空气：6 金属：7	5	
13	侧Ⅲ中	空气：6 金属：7	8	

续表

序号	测量部位	背景噪声值（dBmV）	测试值（dBmV）	备注
14	侧 III 下	空气：6 金属：7	6	
结论		3516 先建线电压互感器开关柜后面板检测到明显的暂态地电压异常信号，空气背景信号测试值相比，相差 22dBmV，与相邻开关柜间隔相比，相差 21dBmV，与该间隔正常部位相比，相差 21dBmV。且在 3516 先建线电压互感器柜后面板观察窗位置检测到明显异常放电信号，信号稳定且幅值较大，具有典型绝缘缺陷放电特征。根据 Q/GDW 11060—2013《交流金属封闭开关设备暂态低电压带电测试技术现场应用导则》，综合分析认为 3516 先建线电压互感器开关柜内存在绝缘缺陷类型放电。因此，建议尽快安排停电处理，停电前应加强带电检测，缩短带电检测周期，密切关注信号变化趋势		

案例 4-3　　　　　　　　　　开关柜电缆仓局部放电异常

1. 基本信息

变电站	66kV 某变电站	试验性质	带电检测	试验地点	10kV 高压开关柜室
试验天气	晴	温度（℃）	25	湿度（%）	25

2. 设备铭牌

生产厂家	江苏南瑞泰事达电气设备有限公司		额定电压	10kV
投运日期	2016.9.26	出厂日期	2016.5.30	
设备型号	KYN28A-12Z			

3. 检测数据

开关柜名称及编号	前中 dBmV	前下 dBmV	后上 dBmV	后中 dBmV	后下 dBmV	侧上 dBmV	侧中 dBmV	侧下 dBmV	超声波检测
10kV 西铁线	6	6	3	8	20	0	0	0	异常幅值 27dB

特征分析	暂态地电压幅值异常，超声波检测存在明显放电声音现象
检测仪器	EA
检测结论	后柜下方电缆仓检测异常，幅值异常、不合格
缺陷图片	 

案例 4-4 开关柜电缆仓局部放电异常

1. 基本信息

变电站	66kV 某变电站	试验性质	带电检测	试验地点	10kV 高压开关柜室
试验天气	晴	温度（℃）	2	湿度（%）	30

2. 设备铭牌

生产厂家	山东泰开成套电气设备 有限公司		额定电压	10kV
投运日期	2016.8.29	出厂日期		2016.6.30
设备型号		KYN28A-12Z		

3. 检测数据

序号	开关柜名称及编号	前中 dBmV	前下 dBmV	后上 dBmV	后中 dBmV	后下 dBmV	侧上 dBmV	侧中 dBmV	侧下 dBmV	超声波检测
1	10kV 万达乙线	3	3	3	3	21	0	0	0	异常幅值26dB
2										
特征分析	暂态地电压幅值异常，超声波检测存在明显放电声音现象									
检测仪器	EA									
检测结论	后柜下方电缆仓检测异常，幅值异常、不合格									
缺陷图片										

案例 4-5 开关柜绝缘套筒异常

某公司在巡视中发现 311、301 等开关柜绝缘套筒放电声音比较大而且有强烈的臭氧味。随后采用超声波检测仪和暂态地电压检测仪进行了检测。发现该站的 35kV 开关柜普遍存在暂态地电压局部放电信号，且超过了 20dB。表 4-2 为某 110kV 变电站 35kV 金属封闭式开关柜暂态地电压局部放电测试结果。

由于检测结果异常的设备范围较大，并未立即对该站进行停电检修，但运行中对该站的 35kV 金属封闭式开关柜进行了多次超声及暂态地电压局部放电测试，测试结果和本次测试的数据基本吻合。而且超声局部放电信号还有明显增强的趋势。

表 4-2　某 110kV 变电站 35kV 金属封闭式开关柜暂态地电压局部放电检测结果

开关柜名称		幅值（dB）	
		前面板（TEV）	后面板（TEV）
302-2	上	9	14
	中	7	15
	下	5	13
302	上	7	10
	中	12	12
	下	8	11
314	上	6	33
	中	7	20
	下	9	12
312	上	14	31
	中	14	23
	下	10	24
35-9PT	上	7	25
	中	8	18
	下	9	11
345	上	8	30
	中	12	20
	下	10	21
345-4	上	14	27
	中	13	24
	下	13	21
34-9	上	13	31
	中	9	21
	下	11	11
301	上	11	20
	中	12	22
	下	1	16
301-2	上	7	17
	中	9	12
	下	5	12

　　运行一个月后，决定对该站进行停电检修，检修前再次进行了带电检测。在 302-314 母线筒、301 与 311 间隔母线筒连接处，314 后柜上下部接缝处、311 前柜左侧接缝处以及 301 后柜上下部接缝等多处测得强度为 15dB 的超声信

号，且在 311 柜左侧接缝处可用人耳直接听见放电声响。

经过和超声就暂态地电压检测数据的对比验证，发现两种方法判断的放电位置基本吻合，都存在与开关柜的中部或上部，初步认为放电发生在开关柜的触头盒内。

通过对该站进行停电，对 35kV 开关柜内部设备进行了检查和缺陷处理。在对开关柜内设备的逐步检查中，发现开关柜触头盒内存在明显放电痕迹，与之对应的，在母排上也存在大量放电痕迹，母排外热缩套被烧蚀，如图 4-9 所示。

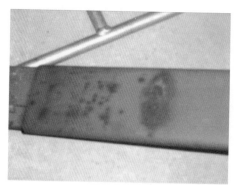

(a)放电烧蚀的母排　　　　　　　　(b)发生放电的触头盒

图 4-9　开关柜放电痕迹

通过对局部放电点的分析和研究，判断产生局部放电的主要原因为触头盒内部母排端部存在毛刺和尖端，在高电压的作用下，母排尖端对触头盒内表面产生局部放电现象。产生母排端部毛刺的原因，主要为施工过程中，没有很好对母排端部进行尖角的打磨处理，造成了局部放电隐患的存在。对 11 面开关柜触头盒内的母排尖端，按照技术要求重新进行倒角处理，隐患消除。

第5章　金属氧化锌避雷器泄漏电流检测技术

第1节　金属氧化锌避雷器泄漏电流检测技术原理

1. 概述及技术原理

金属氧化物避雷器泄漏电流检测技术主要是测量通过避雷器的全电流和阻性电流，根据全电流和阻性电流基波峰值变化可以判断避雷器内部是否受潮、金属氧化物阀片是否发生劣化等，但是全电流测试方法灵敏度很低，只有在避雷器严重受潮或老化情况下才能表现出明显的变化，不利于早期故障的检测。阻性电流测试是通过采集避雷器全电流信号，并对同步采集的电压信号进行数字处理后计算得出。目前，避雷器泄漏电流带电检测仪器厂家普遍采用测取电压信号的测试方法，全电流波形和参考电压波形经过 A/D 转换器转换为数字化波形，CPU 对数字化波形进行 FFT 变换，获得参考电压和全电流的各次谐波的幅值和相角，然后分别对各次谐波计算容性和阻性分量，所有阻性分量谐波还可以重新合成阻性电流波形，供计算峰值或有效值。波形或数据可以在 LCD 显示器上显示出来，也能存储打印或者通过通信接口传输。

氧化锌避雷器在电力系统中的运用主要有配电系统的过电压保护，敞开式和 GIS 变电站的过电压防护，并联和串联补偿电容器的保护，发电机的过电压保护。限制电动机投切产生的操作过电压，限制中性点未直接接地的变压器中性点的过电压，线路载波通信用阻波器的保护，输电线路防雷，深度控制输电线路操作过电压水平，直流输电系统换流站的过电压保护，大型发电机转子回路灭磁过程中的过电压保护和能量吸收，超高压直流断路器开断时系统中的能量吸收。

避雷器元件由氧化锌电阻片、绝缘支架、密封垫、压力释放装置等组成，内部一般充氮气或 SF_6 气体。氧化锌电阻片是一种多组分的多晶陶瓷半导体，内部有孔。电阻片是以氧化锌为主要成分，并附加少量的 Bi_2O_3、CO_2、O_3、

MnO、Sb$_2$O$_3$ 等金属氧化物添加剂，将它们充分混合后造粒成型，经高温焙烧而成的。在显微镜下观察电阻片，它是由氧化锌晶粒、尖晶石晶粒、晶界层和孔隙组成。

氧化锌避雷器具有优越的非线性保护特性和大的通流能力，在正常工作电压下，避雷器阀片电阻很大，其泄漏电流只有毫安数量级并且基本为容性分量，避雷器近乎绝缘状态；在大电压冲击下立即变为低电阻状态被击穿，将大电流泄放后阀片电阻值又很快恢复高阻值状态。氧化锌避雷器的运行受周围环境的干扰，如表面污染、内部受潮等都会改变其伏安特性，使避雷器的泄漏电流增加很多，其影响程度比过电压还严重，实际应用中氧化锌避雷器与被保护设备并联，当被保护线路上出现雷击或者误操作过电压时，氧化锌避雷器能够很快将过电压能量释放，使线路及设备免受过电压危害。氧化锌避雷器动作反应快、残压低、通流容量大、无续流、无串联间隙、体积小、结构简单、成本低、可靠性高、耐污秽能力强、维护简便等优点，被广泛应用于电力系统中，成为重要的过电压保护设备。

氧化锌避雷器设备造价低，并且能满足电力系统安全运行的需要，但由于经验不足、选用欠妥、结构不良、密封不严、阀片劣化、受潮以及气候因素等影响，导致运行中持续电流增大，运行中持续电流中的阻性电流分量使阀片温度上升，产生有功损耗，形成热崩溃，严重时将导致氧化锌避雷器损坏或爆炸，同时其他电气设备将失去过电压保护，直接影响电力系统的安全稳定运行。特别是当氧化锌避雷器使用时间长久后，爆炸情况更易发生。运行中持续电流的大小是评价氧化锌避雷器运行质量状况好坏的一个重要参数。因此，对氧化锌避雷器的泄漏电流进行监测，确保电网的安全稳定运行就显得尤为重要。

氧化锌 ZnO 的压敏特性。氧化锌在受外加电压作用时，存在一个阈值电压，即压敏电压（V）。当外加电压高于该值时即进入击穿电压区，此时电压的微小变化即会引起电流的迅速增大，变化幅度由非线性系数（a）来表征。这一特征使氧化锌压敏材料在各种电路的过流保护方面已得到了广泛的应用。

在电路板上常用的金属氧化物压敏电阻 MOV（Metal Oxide Varistor）。

在输变电线路上常见的金属氧化物避雷器 MOA（Metal Oxide Surge Arrester），即氧化锌 ZnO 无间隙避雷器，如图 5-1 所示。

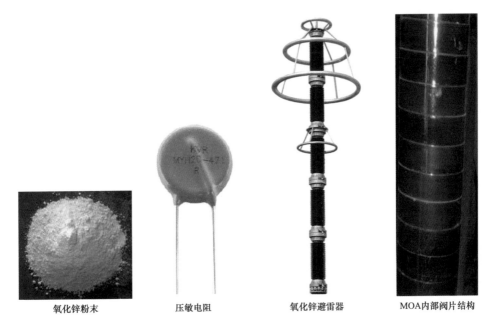

氧化锌粉末　　　压敏电阻　　　　氧化锌避雷器　　　MOA内部阀片结构

图 5-1　氧化锌避雷器结构图

金属氧化物避雷器是世界公认的当代最先进防雷电器。其结构为将若干片 ZnO 阀片压紧密封在避雷器瓷套内。ZnO 阀片具有非常优异的非线性特性。在电网运行电压下电阻很大，流过 MOA 阀片的泄漏电流一般在 20mA 以下，相当于绝缘体。在线路受雷电侵入过电压或操作过电压时，避雷器电阻瞬间变得很小，流过避雷器的电流达数千安培，释放过电压能量，从而防止了过电压对输变电设备的侵害。此后，当作用电压降到动作电压以下时，阀片自动终止"导通"状态，恢复绝缘状态。

由于氧化锌避雷器长期受到系统电压、过电压、污秽和内部受潮等因素影响，使其绝缘性能下降，非线性特性失效，造成 MOA 老化，甚至爆炸，不仅带来了巨大的经济损失，而且严重威胁到电网的安全运行。因此，对避雷器的绝缘性能进行试验，可以及早发现和排除故障，防止事故的发生。

2. 泄漏电流

在系统运行电压情况下，氧化锌避雷器的总泄漏电流由瓷套泄漏电流、绝缘杆泄漏电流和阀片柱泄漏电流三个部分组成。正常情况下，瓷套泄漏电流和绝缘杆泄漏电流比阀片柱泄漏电流小很多,只有在湿润污秽或内部受潮引起的瓷套泄漏电流或绝缘杆泄漏电流增大时,总泄漏电流才会发生显著的变化。这样,在晴朗天气时,测量到的总泄漏电流可视为流过阀片的泄漏电流。由非线性电阻 R 和电容 C 并联构成。u 为电网电压,为阻性泄漏电流,I_c 为容性泄漏电流,I 为总泄漏电流。其中,电容 C 在大小上可视为恒定值;而非线性电阻 R 随加在两端电压变化而变化。当外施电压小于氧化锌避雷器芯片参考电压时,氧化锌避雷器呈现很大的电阻,其值变化不大;当作用于氧化锌避雷器上的电压幅值接近甚至超过参考电压时,其非线性电阻值减小很快,阻性电流分量迅速增加。正常情况下,运行中氧化锌避雷器的阻性电流仅占总泄漏电流的 10%～20%。在老化或受潮情况下,非线性电阻明显减少,阻性电流明显增大,可能导致氧化锌避雷器发热而产生事故。在现场检测中,一般根据阻性电流峰值、阻性电流基波分量、阻性电流三次谐波分量的变化情况来判断氧化锌避雷器工况,目前,最主要是以阻性电流峰值的变化来进行。

当阀片受潮、老化时,非线性电阻 R 明显减小,阻性电流 I 明显增大,而容性电流 I_c 基本不变。考虑到阀片电阻 R 具有非线性特性,其电流 I 为非线性、含各次谐波分量,可以发现由此产生有功功率导致金属氧化锌阀片发热的主要是阻性泄漏电流的基波分量,从而总泄漏电流中阻性电流的基波分量是判断氧化锌阀片绝缘性能的重要依据。氧化锌阀片的老化会导致其非线性特性变差,使得阻性电流的高次谐波分量显著增大、基波分量相对减少。因此,氧化锌避雷器阻性泄漏电流的高次谐波分量是诊断氧化锌阀片老化状况的依据。实际上,在电网系统电压条件下,无可避免存在系统谐波电压和电磁干扰,这样得到的泄漏电流谐波成分还会包括谐波电压引起的谐波分量。

3. 全电流法

测量流过避雷器的全电流谐波法(零序电流法)是根据金属氧化物避雷器的总阻性电流与阻性电流三次谐波在大小上存在比例关系,通过检测金属氧化物避雷器三相全电流中阻性电流三次谐波分量来判断其总阻性电流的变化。

4. 电容电流补偿法

是利用外加容性电流抵消泄漏电流中与母线电压相位一半的容性分量,从而得到阻性电流分量。

5. 阻性电流基波法

同步采集金属氧化物避雷器上的电压和全电流信号，然后将电压、电流信号分别进行快速傅里叶变换（FFT），得到基波电流和基波电压的幅值及相角，再将基波电流投影到基波电压上就可以得出全电流的阻性基波电流分量。

6. 金属氧化物避雷器泄漏带电检测的技术特点

全流法在实际运行中已被广泛采用，最简单的方法是用数字式万用表（也可采用交流毫安表、经桥式整流器连接的直流毫安表），接在动作计数器上进行测量。但由于阻性电流仅占很小的比例，即使阻性电流已显著增加，总电流的变化仍不明显，该方法灵敏度低，只有在 MOA 严重受潮或老化的情况下才能表现出明显的变化，不利于 MOA 早期故障的检测。大多用于不是很重要的金属氧化物避雷器的检测或用于金属氧化物避雷器运行情况的初判。

（1）三次谐波法。三次谐波法是基于金属氧化物避雷器的非线性导致产生三次谐波 IR 而三次谐波 IR3 与总阻性电流 IR 存在比例关系，通过检测 I3 来判断其总阻性电流 IR 的变化。三次谐波法理论成立的前提是系统电压不含谐波分量，因此该测量方法测量值受电网三次谐波影响较大，且该方法无法分辨哪一相避雷器出现异常。此外不同阀片间以及伴随着氧化锌阀片的老化，总阻性电流与三次谐波阻性电流之间的比例关系也会发生变化，故三次谐波法检测结果并不理想。

（2）容性电流补偿法。容性电流补偿法原理是将金属氧化物避雷器两端电压信号进行 90° 移相，得到一个与容性电流相位相同的补偿信号，然后与容性电流相减便可将容性分量抵消，得到阻性电流。容性电流补偿法测试方法十分简便，能够直接求取阻性电流，但该方法只有当金属氧化物避雷器总泄漏电流中阻性电流的相位与容性电流的相位成 $\pi/2$ 的时候才能够得到避雷器运行状况的真实结果。但是在测试现场测试时，受相间杂散电容的影响，测量存在误差。此外补偿法需要从电压互感器上采集电压信号，可能存在相移，电网电压存在较大谐波时，也会影响其测量的精度。

（3）基波法。基波法的测量原理基础是金属氧化物避雷器在运行电压的作用下，其总泄漏电流中只有阻性基波电流做功产生热量，且认为阻性基波电流不受电网电压谐波的影响。因此同步地采集金属氧化物避雷器上的电压和总泄漏电流信号，然后将电压电流信号分别进行快速傅里叶变换（FFT），得到基波电流和基波电压的幅值及相角，再将基波电流投影到基波电压上就可以得出阻性基波电流。该方法简单方便，在一些情况下能够灵敏地反映金属氧化物避雷器的状态。但由于滤波的同时也除掉了金属氧化物避雷器电阻片固有非线性特性所产生的高次谐波成分，故该方法不能有效地反映金属氧化物避雷器电阻片的老化情况。同时由于氧化锌阀片的交流伏安特性呈非线性，仍然无法消除电网谐波对测试结果的影响。

（4）波形分析法。在阻性电流基波法的基础上运用傅里叶变换对同步检测到的电压和电流信号进行波形分析，获得电压和阻性电流各次谐波的幅值和相角，计算得出阻性电流基波分量及各次谐波分量，并求得波形的有效值和峰值等参数。该方法弥补了阻性电流基波法完全忽略阻性电流高次谐波的影响。同时该方法能够得到电压信号的谐波成分，从而可以考虑电压谐波造成的影响，综合判断得出正确的结论。

第2节　金属氧化锌避雷器泄漏电流检测条件要求

（1）熟悉金属氧化物避雷器泄漏电流带电检测技的基本原理和检测程序，了解金属氧化物避雷器泄漏电流带电检测仪的工作原理、技术参数和性能，掌握金属氧化物避雷器泄漏电流带电检测仪的操作程序和使用方法。

（2）了解被检设备的结构特点、工作原理、运行状况和导致设备故障的基本因素。

（3）接受过金属氧化物避雷器泄漏电流带电检测技术培训，并经相关机构培训合格。

（4）具有一定现场工作经验，熟悉并能严格遵守电力生产和工作现场的有关安全管理规定。

（5）环境温度一般不低于5℃，相对湿度一般不大于85％。

（6）天气以晴天为宜，不应在雷、雨、雪、雾等气象条件下进行。

（7）现场测试时应注意相邻间隔对测试结果的影响，记录被试设备或相邻间隔、母线带电与否。

（8）仪器要求环境适应能力。

1) 环境温度：－10～55℃。

2) 环境相对湿度：0～85%。

3) 大气压力：80～110kPa。

（9）金属氧化物避雷器泄漏电流带电检测仪器的性能指标需满足表 5-1 的要求。

表 5-1　　　金属氧化物避雷器泄漏电流带电检测仪器的性能指标

检测参数	测量范围	测量误差要求
全电流	1μ～50mA	±1%或±1μA，测量误差取两者最大值
阻性电流	1μ～10mA	±1%或±1μA，测量误差取两者最大值

在金属氧化物避雷器正常运行情况下，能够检测金属氧化物避雷器全电流、阻性电流基波及其谐波分量、有功功率等值。

1) 基本功能。可显示全电流、阻性电流值、功率损耗。测试数据可存储于本机并可导出。可充电电池供电，充满电单次供电时间不低于 4h。可以手动设置由于相间干扰引起的偏移角，消除干扰。具备电池电量显示及低电压报警功能。

2) 高级功能。可以显示参考电压、全电流、容性电流值，以及阻性电流基波和 3、5、7 次谐波分量。可以自动补偿，消除相间干扰。可以实现参考电压信号的无线传输。可以实现三相金属氧化物避雷器泄漏电流同时测量。配有蓝牙接口，可以无线读取检测数据。配有高精度钳形电流传感器，可实现低阻计数器电流取样。

第 3 节　金属氧化锌避雷器泄漏电流检测技术作业指导

1. 泄漏电流测量及分解

在运行情况下，流过避雷器的主要电流为容性电流，而阻性电流只占很小一部分，约为 10%～25%。但当内部老化、受潮等绝缘部件受损以及表面严重污秽时，容性电流变化不多，而阻性电流却大大增加，因此，通过测量 MOA 阻性电流的变化，就可以了解氧化锌避雷器的运行状况，及时发现避雷器是否进水受潮以及检测阀片是否老化或劣化等。

测试仪器一般通过测量 MOA 两端电压和流过 MOA 的电流，得到电压有

效值 U，电流有效值 I 和 I 超前 U 的相位角 Φ。在现场带电测量的情况下，U 是运行电压，I 是 MOA 的总泄漏电流。

（1）U、I、Φ 都是与频率 f 有关的，现场测量 $f=50\text{Hz}$

（2）这里只考虑 50Hz 纯正弦波的情况，也就是基波的情况。

（3）I 超前 U 的含义是，从 U 逆时针转到 I 的角度是 Φ。如果说 U 超前 I，则角度变为 $360°-\Phi$。Φ 有两种表示方法：$0 \sim 359.99°$ 或 $179.99 \sim -180.00°$，这两种方法视习惯而定，均不影响计算。$\Phi \pm 360°$ 的整数倍也不影响计算。

由图 5-2，可以计算基波阻性电流 I_{R1} 和基波容性电流 I_{C1}：

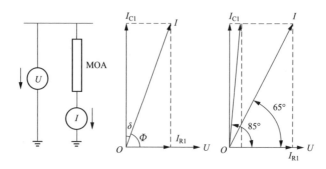

图 5-2　阻性电流及容性电流计算

$$IR_1 = I\cos\Phi，基波阻性电流峰值\ I_{R1P} = 1.414 I_{R1}$$

$$I_{C1} = I\sin\Phi，容性阻性电流峰值\ I_{C1P} = 1.414 I_{C1}$$

全电流 I 可以判断 MOA 性能，但不如阻性电流灵敏。从图 5-2 可以看出，假定 I_{C1} 不变，Φ 从 85° 减小到 65°，阻性电流增加到 4.8 倍 $\left(\dfrac{\cos 65°}{\cos 85°}\right)$，全电流只增加到 1.1 倍 $\left(\dfrac{I_C/\sin 65°}{I_C/\sin 85°}\right)$。放电计数器大都带有全电流表，全电流明显增加也能反映出 MOA 性能劣化程度。

阻性电流 I_{R1}：带电测量的主要数据。Φ 接近 90° 时不宜用"阻性电流增加了多少倍"评价 MOA 性能。因为 $\Phi=90°$ 时，$IR=0$。受相间干扰影响，Φ 可能大于 90°，此时 I_{R1} 为负值。

相位角 Φ：判断 MOA 性能是比较好的方法。其原因是：

（1）运行电压会随电网负载变化，这种变化会影响 I 和 I_R，但 Φ 不受影响。

（2）φ 与介损本质相同。对容性设备而言，介损等于 $\tan\delta$，$\delta=90^\circ-\varphi$，在 90°附近，阻性电流基本与 δ 成正比，与 φ 偏离 90°的距离成正比。φ 是原始数据，相间干扰直接影响 φ。I_{R1} 是间接计算量。根据 φ 角对 MOA 的性能进行评判，目前没有具体的国家标准。根据现场实测数据和经验，制作了一个对比表格，仪器按照此表给出 MOA 评价，如表 5-2 所示。

表 5-2　　　　　　　　　　结 论 对 应 的 角 度

结论	劣	差	中	良	优	有干扰
φ	0~74.99°	75~76.99°	77~79.99°	80~82.99°	83~89.50°	>89.50°

质量良好的 MOA 出厂时 φ 约为 86°。现场测量大多数 MOA 的 φ 在 83°附近。一些数据表明，φ 低于 60°时，MOA 接近发生热崩溃。

MOA 阻性电流测量数据和性能判断都严重依赖 φ。测量过程影响 φ 的原因很多，比如：

（1）电压电流任何一个信号接反了，会相差 180°。

（2）使用非待测相 TV 参考电压，φ 相差 120°或 240°。

（3）使用 B 相接地的 TV 参考电压，φ 相差 30°、150°等。

（4）相间干扰影响。

上述因素交织在一起，容易引起混乱。所以测量时，要力求排除人为因素，首先确定 φ 是合理的，再查看其他数据。

2. 相间干扰

现场测量时，干扰相通过空间杂散电容，在待测相上产生了干扰电流，称为相间干扰。从干扰源角度看，其干扰电流是纯电容性的（超前电压 90°）。但是从待测相看，这个干扰电流并不是纯容性的，它将引起待测相电流的相位角发生偏移。容性设备带电测量都存在相间干扰。由于 MOA 的泄漏电流很小，相间干扰对 MOA 的影响相对严重。

图 5-3 中，B 相对 A 相有干扰电流 I_{ba}，I_{ba} 使 A 相电流 φ 减小，同样 I_{bc} 使 C 相电流 φ 增加。由于 A、C 相对 B 相的干扰相抵消，对 B 相 φ 没有影响。

这是一字排列的 MOA 的干扰情况。比如测量结果为 $\varphi_A=80^\circ$，$\varphi_B=83^\circ$，$\varphi_C=86^\circ$，这种结果很符合相间干扰规律，且干扰角度约为 3°。可以将 φ_A+3°、φ_C-3°，然后根据表 5-2 判断 MOA 性能优良。

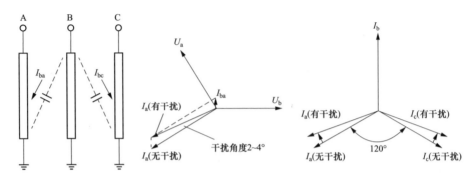

图 5-3　三相电流干扰计算

　　仪器在 3 相同时测量时，提供了类似的抗干扰方法。假设测量出 I_c 与 I_a 之间的角度为 $126°$，它与 $120°$ 的差 $6°$ 是相间干扰引起的，且 AC 相各分担一半，因此，A 相会补偿 $+3°$，C 相补偿 $-3°$。这种抗干扰方法本质上平均了 Φ_A 和 Φ_C，可能掩盖了故障相。

　　对于现场母线布置比较复杂的情况，干扰也更加复杂。如果一条母线横跨过三相 MOA，则各相电流都朝该相电流方向移动。顺时针移动会导致 Φ 变小（阻性电流增加），逆时针移动导致 Φ 变大（阻性电流减小）。例如发现 B 相 Φ 偏小，可能附近有 C 相干扰；C 相 Φ 偏小，可能附近有 A 相干扰。

　　3. 谐波因素分析

　　如果 U 或者 I 的波形不是纯正弦波，说明其中包含了高次谐波。电力系统波形总是上下对称的，这种波形只包含 3、5、7…奇次谐波，不包含 2、4、6…偶次谐波。

　　为了简化起见，MOA 测量仪器只处理 3、5、7 次谐波，它们是频率为 150、250、350Hz 的纯正弦波。各次谐波都有各自的 U_n、I_n、Φ_n（$n=3$、5、7），其阻性电流要单独计算。有 3 种计算方法：

　　（1）采用与基波相同的方法计算，即

$$I_{R_n} = I_n \cos\Phi_n，阻性电流峰值 I_{R_nP} = 1.414 \times I_{R_n}$$

　　（2）直接将 I_n 视为阻性电流，不进行分解。

　　（3）在 I_n 中扣除 U_n 引起的电流，剩下视为阻性电流。这种算法的特点是，I_{R_n} 只受 MOA 非线性影响，不受母线电压的谐波影响。

　　通过上述处理，得到 3、5、7 次阻性电流 I_{r_3}、I_{r_5}、I_{r_7}。

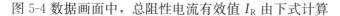

图 5-4 数据画面中，总阻性电流有效值 I_R 由下式计算

$$I_R = \sqrt{(I_{R_1})^2 + (I_{R_3})^2 + (I_{R_5})^2 + (I_{R_7})^2}$$

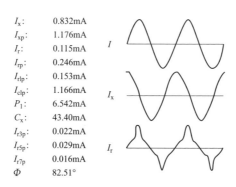

I_x:	0.832mA
I_{xp}:	1.176mA
I_r:	0.115mA
I_{rp}:	0.246mA
I_{r1p}:	0.153mA
I_{c1p}:	1.166mA
P_1:	6.542mA
C_x:	43.40mA
I_{r3p}:	0.022mA
I_{r5p}:	0.029mA
I_{r7p}:	0.016mA
Φ	82.51°

图 5-4　阻性电流计算

I_{RP} 是由 I_{R1}、I_{R3}、I_{R5}、I_{R7} 组成阻性电流波形的峰值。

图 5-4 数据中，I_r、I_{r_p}、$I_{r_{3p}}$、$I_{r_{5p}}$、$I_{r_{7p}}$ 和 I_r 波形是包含高次谐波的数据。虽然 MOA 是非线性设备，但是在运行电压下，其非线性并不明显。母线电压含有的谐波电压也在全电流中产生谐波电流，这些原因导致无法准确检测 MOA 自身的谐波电流。现场测量数据没有发现 3、5、7 次谐波电流能够帮助判断 MOA 性能。

$I_{r_{1p}}$、$I_{c_{1p}}$、P_1、C_x、Φ 是与基波相关的数据，其中 Φ 和 $I_{r_{1p}}$ 是判断 MOA 性能的主要数据。

I_x、I_{xp} 是全电流数据，与参考信号无关。

4. 几种参考电压方法比较

要想把泄漏电流 I_x 分解成容性电流 I_c 和阻性电流 I_r，建立一个 U-I 坐标系非常重要。U 就是参考电压，电流 I 超前参考电压 90°。建立 U-I 坐标系后，泄漏电流 I_x 向 X 轴映射得出 I_r，泄漏电流 I_x 向 Y 轴映射得出 I_c。I_x 与 X 轴的夹角就是 Φ，I_x 与 Y 轴的夹角就是 δ。选取参考电压的方法不同，相应分解出的 I_c 和 I_r 也有差异。MOA 测量仪支持 TV 二次电压、检修电源、感应板，和容性设备末屏电流几种参考电压方式。

（1）TV 二次电压法。用待测 MOA 同相的 TV 二次电压，如图 5-5 所示，可以提供最好的精度。0.5 级 TV 角差为 20′（0.33°）。从 MOA 评价来看，1～2° 的误差可以接受，而仪器自身的角度误差可以控制在 0.1°以内，因此 TV 自身误差可以忽略。

可以用一个 TV 二次电压测量三相 MOA，不是同相的情况下，仪器可以补偿 120°或 240°。曾经测量过不同相 CVT 末屏电流之间的相角，与 120°的偏差只有 0.1°。这说明三相电压具有非常好的对称性，用一相 TV 参考测其他两相 MOA 完全可行。

图 5-5　TV 二次接线箱

（2）检修电源法。取交流检修电源 220V 电压为虚拟参考电压，如图 5-6 所示，再通过相角补偿求出参考电压。系统电压互感器端子箱是 Yd11 接线方式，检修箱内检修电源是 Dy11 接线方式，两者角差为 30°，所以由以上推断，进行避雷器阻性电流测试只需要取流过避雷器计数器的泄漏电流和检修电源箱内电压进行测试。自行修改取参考电压的角度，就更方便进行避雷器阻性电流测试，避免了通过取电压互感器端子箱内二次参考电压的误碰、误接线存在的风险，同时又节省了人力资源。

图 5-6　检修电源线箱

（3）感应板法。如果担心使用 TV 二次电压不够安全，可以使用感应板方式。将感应板放置在 MOA 底座上，与高压导体之间形成电容。仪器利用电容电流做参考对 MOA 总电流进行分解。

如图 5-7 所示，电场 e 中，面积 S 的感应板上会聚集电荷 $q=\varepsilon_0 Se$，$\varepsilon_0=8.854\times10^{-12}\mathrm{F/m}$ 为真空介电常数。交流电场中 $e=E\sin(2\pi Ft)$，感应电流

$$i=\frac{\mathrm{d}q}{\mathrm{d}t}=2\pi F\varepsilon_0 E\cos(2\pi F)S$$

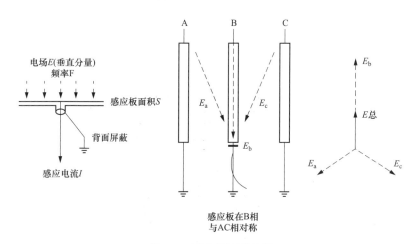

图 5-7 感应板法原理图

因此，感应电流有效值 $I=2\pi F\varepsilon_0 ES$，相位超前 $E90°$，而 $E=U/d$ 与母线电压成正比，与感应板到母线的距离成反比，与母线电压同相。仪器采用的感应板面积 $S=0.01\mathrm{m}^2$，在 $100\mathrm{kV/m}$ 电场下，基波 $50\mathrm{Hz}$ 感应电流为 2.8uA。

感应板同时接收 ABC 电场，只有将感应板放到 B 相下面，且与 AC 相严格对称的位置上，AC 相电场才会抵消，只感应到 B 相母线电压。如果放到 AC 相下面都不会正确感应 AC 相母线电压。由于感应板对位置比较敏感，可以采用两个办法提高精度：①感应板距离母线的距离尽量短，而距离 AC 的相对位置尽量远，且避开有复杂横拉母线的地方。如果 MOA 的位置不合适，也可以将感应板放到 TV 等设备下面。②先用 TV 二次测量 $\varPhi$，然后用感应板找到 $\varPhi$ 相同的位置，并画标记，以后测量都把感应板放在相同的位置。感应板找到好的位置后，三相 MOA 测量都用一个参考即可测量。

（4）容性设备末屏电流法。使用容性设备末屏电流做参考可以提供很好的精度，如图 5-8 所示。容性设备自身的介损很小，$\tan\delta=0.2\%$ 对应的角度误差

只有 0.1°，对 MOA 来讲相当于标准电容。虽然容性设备也存在相间干扰，但其电流数值高于 MOA 几十倍以上，相间干扰也只有 MOA 的几十分之一，可以忽略。使用末屏电流需要解决两个问题：①需要改造容性设备的末屏接地线，从容性设备接线箱内部引到较低的位置，并且裸露。在已经安装容性设备在线测量系统的变电站，这种改造已经完成，否则要利用停电机会单独改造。用于 MOA 测量时，一个电压等级的母线使用一台容性设备即可，因此改造的工作量并不大。②采用固定穿心式电流传感器或开口式钳形传感器检测电流。采用钳形传感器更加方便，可以不依赖各种固定传感器的接口。钳形传感器的幅值精度没有问题，关键是要提高钳形传感器的相位精度。

图 5-8　末屏电流检测

瓷套外表面潮湿污秽引起的泄漏电流如图 5-9 所示，如果不加屏蔽会进入测量仪器。解决的方法是在 MOA 最下面的瓷套上加装接地的屏蔽环，将瓷套表面泄漏电流接地。

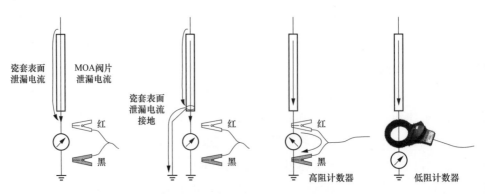

图 5-9　瓷套表面泄漏电流影响

带泄漏电流表的计数器，连接仪器后，电流表指针应该回零，说明电流完全进入仪器。

有极少数的低阻计数器，其两端电压只有几十 mV，这种情况无法直接将泄漏电流完全引入仪器。进入仪器的少量电流，其相位也不正确。如果怀疑总电流过小，应该用万用表测量一下计数器两端电压，很低的就是低阻计数器。低阻计数器只能用高精度钳形电流传感器采样。

运行中泄漏电流检测（带电）110（66）kV 及以上；基准同期为 1 年，阻性电流初值差≤50％，且全电流初值差≤20％。

5. 现场检测流程

（1）检测步骤。检测步骤以 AI-6109 为例，进一步描述现场检测流程。

正确连接测试引线和测试仪器如图 5-10 所示。

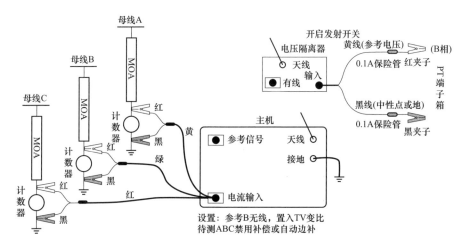

图 5-10　三相测量无线传输接线示意图

1）主机接地。

第一步：接地线一端接主机接地处。

第二步：接地线另一端接现场接地，现场接地排如有油漆或锈蚀，必须清除干净。

2）电流输入接线。

第一步：先把"1 拖 3 引线"的"1"总线接入仪器的电流输入端。

第二步：再把"3"的黄、绿、红三根线分别连接"A（黄）、B（绿）、C

（红）三根电流加长线"。

第三步：最后把"A（黄）、B（绿）、C（红）三根电流加长线"分别接入A、B、C三相避雷器计数器的上端和接地端，先接接地端，后接避雷器上端，拆除时相反。

第四步：开启主机电源开关，如图5-11所示。

图 5-11　主机现场接线图

3）取电压信号。

第一步：将天线插到电压隔离器的天线插孔。

第二步：将电压连接线的总线接入电压隔离器。

第三步：在 TV 汇控柜二次端子排上，找出测量电压二次线（计量电压，千万不要用保护电压），先接地线（中心点），再分别接入相对应的 A、B、C（一定得接对，且防止短路）。

第三步：开启电压隔离器电源开关和发射开关，如图5-12所示。

图 5-12　取电压信号

（2）仪器参数设置。如图 5-13 所示。

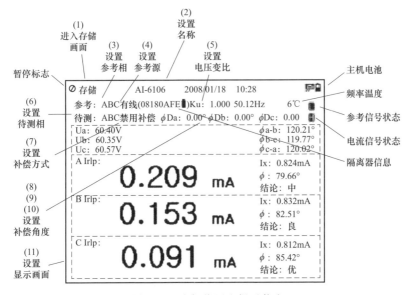

图 5-13　光标位置和提示信息

1）设置参考相：显示 A/B/C/A-B/C-B/ABC。ABC 表示使用三相电压做参考。

2）设置参考源：显示"有线、无线、感应"。选择无线时，主机和隔离器都要插上天线，开启隔离器的发射开关。

3）设置变比：进入设置，有线、无线方式置入 TV 变比，可以直接显示母线电压。110kV 变比为 1100，220kV 为 2200。

4）设置待测相：显示 A/B/C/ABC。A/B/C 表示单相测量，都用 A（黄）通道输入电流。ABC 表示三相同时测量，ABC（黄绿红）引线分别输入三相电流。

5）设置补偿方式：显示"禁用补偿、手动补偿、自动边补"（单相电流方式没有自动边补），同时右侧会显示 1 个或 3 个补偿角度。

a. 禁用补偿：表示补偿角度为 0。如果只选择一个参考电压，而且待测相与参考相不同时，仪器会从下表选择一个理论补偿角度，如表 5-3 所示。说明：①补偿角度总是被"加到"电流电压角度中的。例如补偿角度为 1°，电流实际超前电压 80°，则补偿后电流超前电压 81°。②仪器假定三相交流电是"正相序"，即 A 超前 B120°，B 超前 C120°。对于反相序系统，参考信号和电流的 A、C 相都应颠倒使用。

表 5-3　　　　　　　　　　理论补偿角度（正相序）

参考相＼待测相	待测相 A	待测相 B	待测相 C
参考相 A	0°	120°	240°
参考相 B	240°	0°	120°
参考相 C	120°	240°	0°
参考相 A-B	30°	150°	270°
参考相 C-B	90°	210°	330°
参考相 ABC	0°	0°	0°

b. 手动补偿。选择"手动补偿"后可以设置补偿角度。仪器将角度定义在 0～359.99°之间。所有角度都可以加减 360°，例如 120°与−240°，或者 180°与−180°分别表示同一个角度。补偿什么角度一定要有依据。

c. 自动边补。测量三相 MOA 时，由于相间干扰影响，如图 5-14 所示，A、C 相电流相位都要向 B 相方向偏移，一般偏移角度 2°～4°，这导致 A 相阻性电流增加，C 相变小甚至为负。

自动边补（边相补偿）原理是：假定 B 相对 A、C 影响是对称的，测量出 I_c 超前 I_a 的角度 Φ_{ca}，A 相补偿 $\Phi_{0a} = (\Phi_{ca} - 120°)/2$，C 相补偿 $\Phi_{0c} = -(\Phi_{ca} - 120°)/2$。这种方法实际上对 A、C 相阻性电流进行了平均，也有可能掩盖问题。因此还是建议考核没有边相补偿的原始数据。现场的干扰可能是复杂的，如果不能进行合理补偿，则建议记录没有补偿的原始数据，考查数据的变化趋势。

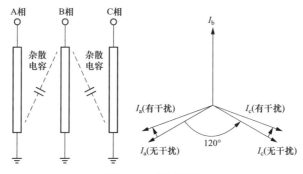

图 5-14　相间干扰

（3）测量数据。需要查看的数据有：

1）U：参考电压有效值。

2）I_x：全电流有效值。

3）I_{rp}：阻性电流峰值，即 I_r 的峰值。

4）P_1：基波功耗。P_1 等于阻性电流基波有效值与电压基波有效值的乘积。

5）Φ：电流超前电压角度，其中已经包含补偿角度 Φ_0。

6）Φ_0：补偿角度。$\Phi_{0a}/\Phi_{0b}/\Phi_{0c}$

（4）保存数据并打印。

1）：按"→"暂停。

2）：按打印键打印，打印完成后打印纸背面写清站名和间隔名称。

（5）注意事项。金属氧化物避雷器泄漏电流带电检测在获取电流、电压信号时应保证测试方法安全、正确。取全电流 I_x 时，短接带泄漏电流表的计数器，电流表指针应该回零，否则应用万用表测量计数器两端电压判断其是否为低阻计数器，对于低阻计数器需采用高精度钳形电流传感器采样。当计数器与在线电流表分离时，应同时短接电流表和计数器。测取电压互感器二次电压信号时，宜采用专用测量端子，并设专人看守端子箱。取电流时，戴绝缘手套。高空作业，注意安全，扶好梯子。

（6）异常诊断及处理建议。金属氧化物避雷器泄漏电流带电检测数据分析应采取纵向、横向比较和综合分析，判断金属氧化物避雷器是否存在受潮、老化等劣化，应以补偿后的数据进行对比分析，同时应注意宜以同种方法测试数据进行比校。一般阻性电流分量占全电流的比例不会超过 15％～20％的数值。

1）纵向比较：同一产品，在相同的环境条件下与前次或初始值比较，阻性电流初值差应≤50%，全电流初值差应≤20%。当阻性电流增加 0.5 倍时应缩短试验周期并加强监测，增加 1 倍时应停电检查。

2）横向比较：同一厂家、同一批次、同相位的产品，避雷器各参数应大致相同，彼此应无显著差异。如果全电流或阻性电流差别超过 70%，即使参数不超标，避雷器也有可能异常。

3）综合分析法：当怀疑避雷器泄漏电流存在异常时，应排除各种因素的干扰，并结合红外精确测温、高频局部放电测试结果进行综合分析判断，必要时应开展停电诊断试验。

4）如果测试结论为干扰。需检查以下问题：

a. 主机或电压隔离器是否电量充足。

b. 电压相序是否正确。

c. 电流相序是否正确。

d. 电流表指针是否回零。

综合以上分析，并结合专家会诊的结果形成试验报告，提供设备存在的故障排除建议。

第4节　典　型　案　例

1. 简要案例经过

在带电测试工作中发现 66kV 某变电站某线 C 相线路避雷器数据异常，同时结合红外测温也发现该避雷器温度有异常，及时停电对该避雷器进一步检查，发现其试验数据严重超标。

2. 检测分析结果

检测分析结果如表 5-4 所示。

表 5-4　　　　　　　　　检测结果分析

相别	$I_全$（μA）	$I_阻$（μA）	相位角	功率损耗（W）
A	703	94	84.54°	4.44
B	673	97	84.14°	4.46
C	1270	1180	49.14°	55.26

3. 诊断性试验数据分析及结论

C 相避雷器阻性电流、全电流、损耗均大幅增大。完全符合金属氧化物避雷器在运行中劣化的变化。C 相避雷器为缺陷相。

4. 解体检查情况

解体图片如图 5-15～图 5-17 所示，分别为顶部、内部受潮锈蚀及硅胶变色后的图片。

图 5-15　顶部解体图

图 5-16　内部受潮生锈图

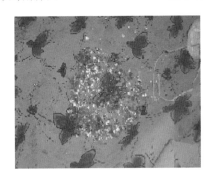

图 5-17　硅胶变色图

明显的避雷器密封被破坏的进水通道或潮气浸入通道，阀片、金属件、引线、硅胶见水渍、受潮、锈蚀痕迹。避雷器制造工艺及质量控制不良。

5. 缺陷原因分析

避雷器底部防爆膜严重锈蚀、粉化，致内部密封不良进水受潮，运行电压作用下，泄漏电流变大，导致缺陷异常。

6. 经验体会

金属氧化锌避雷器泄漏电流带电检测可以及时发现避雷器内部绝缘缺陷，对于判断其阀片老化、受潮、击穿等缺陷具有较高的准确性。泄漏电流检测数据发现异常时，应进一步结合红外测温进行准确判断。

第6章 变压器铁心接地电流检测技术

第1节 变压器铁心接地电流检测技术原理

1. 变压器铁心夹件接地方式

电力变压器在正常运行时，绕组周围存在电场而铁心和夹件等金属构件处于电场中，若铁心未可靠接地，则会产生放电现象，损坏绝缘。因此，铁心必须有一点可靠接地。如果铁心由于某种原因出现另一个接地点，形成闭合回路，则正常接地的引线上就会有环流。这一方面造成铁心局部短路过热甚至局部烧损，另一方面由于铁心的正常接地线，产生环流造成变压器局部过热也可能产生放电性故障。因此，准确及时地诊断变压器铁心接地故障并采取积极措施，对于系统的安全稳定运行意义重大。

铁心是变压器中主要的磁路部分，结构如图 6-1 所示。通常由含硅量较高，表面涂有绝缘漆的热轧或冷轧硅钢片叠装而成。铁心和绕在其上的线圈组成完整的电磁感应系统。电源变压器传输功率的大小，取决于铁心的材料和横截面积。

图 6-1 变压器铁心结构

夹件是用来夹紧铁心硅钢片的，同时夹件上可以焊装小支板，把装固定引线的木件。夹件的位置在铁心上下铁轭的两侧，如图 6-2 所示。

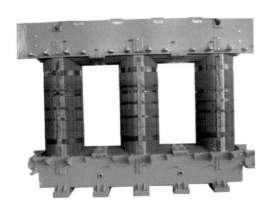

图 6-2　变压器夹件结构

电力变压器正常运行时，铁心及夹件必须有一点可靠接地。若没有接地，则铁心及夹件对地的悬浮电压，会造成铁心及夹件对地断续性击穿放电，铁心及夹件一点接地后消除了形成铁心悬浮电位的可能。但当铁心及夹件出现两点以上接地时，铁心及夹件间的不均匀电位就会在接地点之间形成环流，并造成铁心及夹件多点接地发热故障。变压器的铁心接地故障会造成铁心局部过热，严重时，铁心局部温升增加，轻瓦斯动作，甚至将会造成重瓦斯动作而跳闸的事故。烧熔的局部铁心形成铁心片间的短路故障，使铁损变大，严重影响变压器的性能和正常工作，以至必须更换铁心硅钢片加以修复。所以变压器铁心及夹件不允许多点接地，只能有且只有一点接地。

2. 铁心接地电流产生原因

（1）变压器在制造或大修过程中，如果铁刷丝起重用的钢丝绳的断股及微小金属丝等被遗留在变压器油箱内，当变压器运行时，这些悬浮物在电磁场的作用下形成导电小桥，使铁心与油箱短接。这种情况常常发生在油箱底部。

（2）潜油泵轴承磨损产生的金属粉末进入主变压器油箱中导致铁心与油箱短接。

（3）变压器油箱和散热器等在制造过程中，由于焊渣清理不彻底，当变压器运行时在油流作用下杂质往往被堆积在一起。使铁心与油箱短接这种情况在强油循环冷却变压器中容易发生。

（4）铁心上落有金属杂物，将铁心内的绝缘油道间或铁心与夹件间短接。

（5）变压器进水，使铁心底部绝缘垫块受潮，引起铁心对地绝缘下降。

（6）铁心下夹件垫脚与铁轭间的绝缘板磨损脱落造成夹件与硅钢片相碰。

（7）夹件本身过长或铁心定位装置松动，在器身受冲击发生位移后夹件与油箱壁相碰。

（8）下夹件支板距铁心柱或铁轭的距离偏小，在器身受冲击发生位移后相碰。

（9）上下铁轭表面硅钢片因波浪突起与钢座套或夹件相碰。

（10）穿心螺杆或金属绑扎带绝缘损坏与铁心或夹件等相碰。

3. 铁心接地电流检测方法

（1）运行中接地电流检测方法。在运行中，可以通过使用钳形电流表测量铁心外接地线中的电流来判断铁心是否存在多点接地故障。该电流一般不大于100mA 如果电流达到 1A 以上，则可判断铁心存在多点接地故障。如变压器的铁心和上夹件分别引出接地，还可通过分别测量其接地线中的电流来大致判断故障部位，如图6-3 所示。

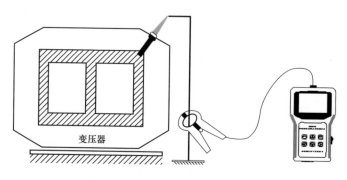

图 6-3　变压器铁心接地电流检测

（2）停电后的检测方法。停电后未吊罩时，可以通过使用绝缘电阻表测量铁心和夹件等引出的应一点接地的绝缘电阻来判断是否存在多点接地故障。

（3）气相色谱分析。对油中含气量进行气相色谱分析也是发现变压器铁心接地最有效的方法之一。出现铁心接地故障的变压器，其油色谱分析数据中总烃含量超过 GB/T 7252《变压器油中溶解气体和判断导则》规定的注意值，其

中 C_2H_2 或者 C_2H_4 含量低或没有。若 C_2H_4 或者 C_2H_2 也超过注意值则可能是动态接地故障，气相色谱分析法可与前两种方法综合使用，以判定铁心是否多点接地。

（4）在线监测方法。系统的模拟量检测信号为铁心接地线中的电流，数字量检测信号为自动/手动开关的高低电平，如图 6-4 所示。在单片机的控制下，采集系统对经过信号预处理环节的电流信号进行模数转换，并计算该电流的有效值，当检测到电流超过 0.1A 后，在自动状态下就可以投入限流电阻，以将流过铁心接地线中的电流限制在 0.1A 之内，并给出报警信号。

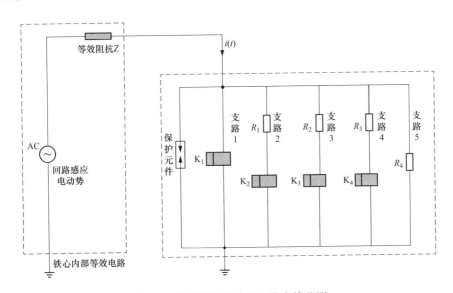

图 6-4 变压器铁心接地电流在线监测

4. 铁心接地点处理方法

（1）不吊芯临时串接限流电阻。运行中发现变压器铁心多点接地故障后，为保证设备的安全，均需停电进行吊芯检查和处理。但对于系统暂不允许停电检查的，可采用在外引铁心接地回路上串接电阻的临时应急措施，以限制铁心接地回路的环流，防止故障进一步恶化。

在串接电阻前，分别对铁心接地回路的环流和开路电压进行测量，然后计算应串电阻阻值。注意所串电阻不宜太大，以保护铁心基本处于地电位；也不宜太小，以能将环流限制在 0.1A 以下。同时，还需注意所串电阻的热容量，以防烧坏电阻造成铁心开路。

（2）吊芯检查。

1）分部测量各夹件或穿心螺杆对铁心（两分半式铁心可将中间连片打开）的绝缘，以逐步缩小故障查找范围。

2）检查各间隙、槽部重点部位有无螺帽、硅钢片、废料等金属杂物。

3）清除铁心或绝缘垫片上的铁锈或油泥，对铁心底部看不到的地方用铁丝进行清理。

4）对各间隙进行油冲洗或氮气冲吹清理。

5）用榔头敲击振动夹件，同时用绝缘电阻表监测，看绝缘是否发生变化，查找并消除动态接地点。

（3）放电冲击法。由于受变压器身在空气中暴露时间不宜太长的限制，以及变压器本身装配形式的制约，现场很多情况下无法找到其具体确切接地点。特别是铁锈焊渣悬浮、油泥沉积造成的多点接地，更是难于查找，此类故障可采用放电冲击法。

现场应用时，主要有电容直流电压法和电焊机交流电流法。电焊机交流电流法只适用于金属性接地故障，但电流不好控制，而现场这种情况极少，接地电阻大都几百欧以上。电容直流电压法现场取材较困难，操作不便且不安全，也不宜推广。

第2节　铁心接地电流检测仪技术要求

1. 铁心接地电流检测仪功能要求

变压器铁心接地电流检测装置一般为两种，为钳形电流表和变压器铁心接地电流检测仪。

（1）钳形电流表具备电流测量、显示及锁定功能。

（2）铁心接地电流检测仪具备电流采集、处理、波形分析及超限告警等功能。

（3）钳形电流互感器卡钳内径应大于接地线直径。

（4）检测仪器应有多个量程供选择，且具有量程 200mA 以下的最小挡位。

（5）检测仪器应具备电池等可移动式电源，且充满电后可连续使用 4h 以上。

（6）变压器铁心接地电流检测仪具备数据超限警告，检测数据导入、导出、查询、电流波形实时显示功能。

（7）变压器铁心接地电流检测仪具备检测软件升级功能。

（8）变压器铁心接地电流检测仪具备电池电量显示及低电量报警功能。

2. 铁心接地电流检测仪技术指标

（1）检测电流范围：AC 1～10000mA。

（2）满足抗干扰性能要求。

（3）分辨率：不大于 1mA。

（4）检测频率范围：20～200Hz。

（5）测量误差要求：±1% 或±1mA（测量误差取两者最大值）。

（6）温度范围：-10～50℃。

（7）环境相对湿度：5%～90%RH。

第 3 节　变压器铁心接地电流检测作业指导

1. 检测要求

（1）环境要求。

1）在良好的天气下进行检测。

2）环境温度不宜低于+5℃。

3）环境相对湿度不大于 80%。

（2）人员要求。进行变压器铁心接地电流检测的人员应具备如下条件：

1）熟悉变压器铁心接地电流带电检测技术的基本原理、诊断分析方法。

2）了解钳形电流表和专用铁心接地电流带电检测仪器的工作原理、技术参数和性能。

3）掌握钳形电流表和专用铁心接地电流带电检测仪器的操作程序和使用方法。

4）了解变压器的结构特点、工作原理、运行状况和故障分析的基本知识。

5）熟悉本标准，接受过铁心接地电流带电检测的培训，具备现场检测能力。

6）具有一定的现场工作经验，熟悉并能严格遵守电力生产和工作现场的相关安全管理规定。

7）人员需经上岗培训，考试合格。

（3）安全要求。

1）应严格执行《国家电网公司电力安全工作规程（变电部分)》的相关要求。

2）检测工作不得少于两人。试验负责人应由有经验的人员担任，开始试验前，试验负责人应向全体试验人员详细布置试验中的安全注意事项，交代邻近间隔的带电部位，以及其他安全注意事项。

3）应在良好的天气下进行，户外作业如遇雷、雨、雪、雾不得进行该项工作，风力大于5级时，不宜进行该项工作。

4）检测时应与设备带电部位保持相应的安全距离。

5）在进行检测时，要防止误碰误动设备。

6）行走中注意脚下，防止踩踏设备管道。

7）测试前必须认真检查表计倍率、量程、零位，均应正确无误。

2. 诊断分析方法

（1）检测步骤。检测原理如图 2-3 所示，主要步骤为：

1）打开测量仪器，电流选择适当的量程，频率选取工频（50Hz）量程进行测量，尽量选取符合要求的最小量程，确保测量的精确度。

2）在接地电流直接引下线段进行测试。历次测试位置应相对固定，将钳形电流表置于器身高度的下 1/3 处，沿接地引下线方向，上下移动仪表观察数值应变化不大，测试条件允许时，还可以将仪表钳口以接地引下线为轴左右转动，观察数值不应有明显变化。

3）使钳形电流表与接地引下线保持垂直。

4）待电流表数据稳定后，读取数据并做好记录。

（2）检测验收。

1）检查数据是否准确、完整。

2）检测完毕后，进行现场清理，确保无遗漏。

（3）检测数据分析与处理。

1）铁心接地电流检测结果应符合以下要求：

a. 1000kV 变压器：≤300mA（注意值）。

b. 其他变压器：≤100mA（注意值）。

c. 与历史数值比较无较大变化。

2）综合分析。

a. 当变压器铁心接地电流检测结果受环境及检测方法的影响较大时，可通过历次试验结果进行综合比较，根据其变化趋势做出判断。

b. 数据分析还需综合考虑设备历史运行状况、同类型设备参考数据，同时结合其他带电检测试验结果，如油色谱试验、红外精确测温及高频局部放电检测等手段进行综合分析。

3）接地电流大于 300mA 应考虑铁心（夹件）存在多点接地故障，必要时串接限流电阻。

4）当怀疑有铁心多点间歇性接地时可辅以在线检测装置进行连续检测。

第 4 节　典　型　案　例

案例 6-1　　　　　　　变压器铁心接地电流异常

电压等级	500kV	设备类别	变压器
温度	27℃	湿度	46%
检测位置		照片	
变压器套管顶部引线			
分析	主变压器负荷电流（A）：I_A 740；I_B 710；I_C 710。 铁心接地电流（mA）：初测 498.3；复测 497.1；平均 497.7。		

分析	夹件接地电流（mA）：初测 498.6；复测 498.4；平均 498.5。 某 500kV 变电站 1 号主变压器铁心、夹件接地电流在初测和复测时均大于 100mA，且通过两种不同型号仪器检测电流值相同，确定该变压器铁心夹件接地电流存在异常。经检查，发现铁心接地引线下侧与变压器外壳通过金属件固定，而非绝缘子，变压器外壳的环流经过金属固定件后，铁心接地电流测量值偏大，该异常由铁心接地引线结构缺陷造成
处理建议	建议尽快对 1 号主变压器铁心接地引线进行改造，消除铁心接地排与变压器外壳之间的金属固定件的影响，以便准确测量铁心接地电流，反映设备的运行状况

案例 6-2   **变压器铁心接地电流异常**

电压等级	500kV	设备类别	变压器	
温度	33℃	湿度	68%	
检测位置		照片		
变压器套管顶部引线				

分析	主变压器负荷电流（A）：I_A 687；I_B 680；I_C 680。
	  铁心接地电流（mA）：初测 587.8；复测 616.4；平均 602.1。
	  夹件接地电流（mA）：初测 101.2；复测；114.3 平均 107.8。
	  某 500kV 变电站 2 号主变压器铁心、夹件接地电流在初测和复测时均大于 100mA，且通过两种不同型号仪器检测电流值相同，确定该变压器铁心夹件接地电流存在异常。原因可能为：①外壳环流经金属固定件流入铁心接地排下端后，造成了铁心接地电流测量值偏大；②外壳环流经金属固定件流入铁心接地排上端后，造成铁心接地电流测量值及频率大范围波动。该异常由铁心接地引线结构缺陷造成			

处理建议	建议尽快对 2 号主变压器铁心接地引线进行改造，消除铁心接地排与变压器外壳之间的金属固定件的影响，以便准确测量铁心接地电流，反映设备的运行状况			

第7章 油中溶解气体检测技术

第1节 油中溶解气体检测技术原理

油中溶解气体气相色谱法是一种物理分离技术。色谱柱管内的填充剂称为固定相，推动混合物流过固定相的流体称为流动相，该方法利用混合物中各物质在两相间分配系数的差别，当溶质在两相间做相对移动时各物质在两相间进行多次分配，从而使各组分得到分离。实现这种色谱分析的仪器就称为色谱仪。气相色谱法的分离原理主要是当混合物在两相间做相对运动时，样品各组分在两相间进行反复多次的分配，不同分配系数的组分在色谱柱中的运行速度就不同，滞留时间也就不一样。分配系数小的组分会较快地流出色谱柱；分配系数越大的组分就越易滞留在固定相间，流过色谱柱的速度较慢。这样，当流经一定的柱长后，样品中各组分得到了分离，当分离后的各个组分流出色谱柱而进入检测器时，记录仪就记录出各个组分的色谱峰。气相色谱法具有分离效能高、分析速度快、样品用量少、灵敏度高、适用范围广等许多化学分析法无可与之比拟的优点。主要检测流程为：来自高压气瓶或气体发生器的载气首先进入气路控制系统，把载气调节和稳定到所需要的流量与压力后，流入进样装置把样品（油中分离出的混合气体）带入色谱柱，通过色谱柱分离后的各个组分依次进入检测器，检测到的电信号经过计算机处理后得到每种特征气体的含量。

分析油中溶解气体的组分和含量是监视充油电气设备安全运行的最有效的措施之一。该方法适用于充有矿物绝缘油和以纸或层压纸板为绝缘材料的电气设备，其中包括变压器、电抗器、电流互感器、电压互感器和油纸套管等；主要监测对判断充油电气设备内部故障有价值的气体，即氢气（H_2）、甲烷（CH_4）、乙烷（C_2H_6）、乙烯（C_2H_4）、乙炔（C_2H_2）、一氧化碳（CO）、二氧化碳（CO_2）。

定义总烃为烃类气体含量的总和，即甲烷、乙烷、乙烯和乙炔含量的总和。变压器油是由许多不同碳氢化合物组成的混合物，电或热故障可以使某些 CH 键和 C—C 键断裂，伴随生成少量活泼的氢原子和不稳定的碳氢化合物的自由基，这些氢原子或自由基通过复杂的化学反应迅速重新化合，形成 H_2 和低分子烃类气体，如 CH_4、C_2H_6、C_2H_4、C_2H_2 等，也可能生成碳的固体颗粒及碳氢聚合物 X 蜡。油的氧化还会生成少量的 CO 和 CO_2，长时间的累积才可达显著数量。固体绝缘材料指的是纸或层压纸板和木块等，属于纤维素绝缘材料。纤维素是由很多葡萄糖单体组成的长链状高聚合碳氧化合物 $(C_6H_1O)_n$，其中的 C_0 键及葡萄糖苷键的热稳定性比油中的 C—H 键还要弱，高于 $105℃$ 时，聚合物就会裂解；高于 $300℃$ 时就会完全裂解和碳化。聚合物裂解在生成水的同时，生成大量的 CO 和 CO_2、少量低分子烃类气体，以及糠醛及其系列化合物。

油中含有的水可以与铁作用生成 H_2；在温度较高的油中溶解 O_2 时，设备中某些油漆（醇酸树脂）在某些不锈钢的催化下，可能生成大量的 H_2，或者不锈钢与油的催化反应也可生成大量的 H_2，新的不锈钢也可能在加工过程中吸附 H_2 或焊接时产生 H_2；有些改型的聚酰亚胺型绝缘材料与油接触也可生成某些特征气体，油在阳光照射下也可以生成某些特征气体。气体的来源还包括注入的油本身含有某些气体；设备故障排除后，器身中吸附的气体未经彻底脱除，又慢慢释放到油中；有载调压变压器切换开关油室的油向变压器主油箱渗漏，选择开关在某个位置动作时（如极性转换时）形成电火花，会造成变压器本体油中出现 C_2H_2，冷却系统附属设备（如潜油泵）故障产生的气体也会进入变压器本体油中；设备油箱带油补焊会导致油分解产气等。

低能量放电性故障，如局部放电，通过离子反应促使最弱的 CH 键（$338kJ/mol$）断裂，主要重新化合成氢气而积累。对 CC 键的断裂需要较高的温度（较多的能量），然后迅速以 C—C 键（$607kJ/mol$）、CC 键（$720kJ/mol$）和 C=C 键（$960J/mol$）的形式重新化合成烃类气体，依次需要越来越高的温度和越来越多的能量。C_2H_4 是在高于 CH_4 和 C_2H_6 的温度（大约为 $500℃$）下生成的（虽然在较低的温度时也有少量生成）。C_2H_2 一般在 $800\sim1200℃$ 下生成，而且当温度降低时，反应迅速被抑制，作为重新化合的稳定产物而积累。因此，大量 C_2H_2 是在电弧的弧道中产生的。当然在较低的温度下（低于

800℃）也会有少量 C_2H_2 生成。油起氧化反应时，伴随生成少量 CO 和 CO_2，并且 CO 和 CO_2 能长期积累，成为数量显著的特征气体。

第 2 节　油中溶解气体检测相关要求

（1）熟悉油中溶解气体组分检测技术的基本原理和诊断程序，了解色谱分析仪的工作原理、技术参数和性能，掌握仪器操作程序和使用方法。了解充油设备的结构特点、工作原理、运行状况和导致设备故障的基本因素。接受过油中溶解气体组分检测技术培训，并经相关机构培训合格，可以对异常检测结果进行判断，提出初步处理意见。具有一定现场工作经验，熟悉并能严格遵守电力生产和工作现场的有关安全管理规定，并经相关部门考试合格。

（2）色谱柱对所检测组分的分离度要满足定量分析要求。

（3）仪器基线稳定，有足够的灵敏度。其对油中溶解气体各组分的最小检知浓度要求如表 7-1 所示。

表 7-1　　　　　　　　　　色谱仪的最小检知浓度

气体组分	最小检知浓度（$\mu L/L$）	
	出厂试验	运行中试验
C_2H_2	≤0.1	≤0.1
H_2	≤2	≤5
CO	≤25	≤25
CO_2	≤25	≤25

（4）为了保证人身和设备安全，仪器外壳接地端子必须可靠地接上地线，若现场无接地装置，必须埋设符合标准的地线。在启动仪器前应先通载气 30min 可打开电源；更换进样口硅胶垫前必须先切断热导池电源。仪器运行工作时，禁止触摸进样口、检测器和顶部盖板处于高温的部分，以免被烫伤。氢气属于易燃易爆危险品，使用时必须按照氢气发生器安全操作条例严格执行。为防止氢气在柱箱内积聚或发生其他可能的泄漏事故，须将仪器上未使用的柱连接头用盲栓堵死，并在每次试验完毕后及时关闭氢气。氢气发生器必须严格按照说明书进行操作，每次开机前要注意观察液面情况，若已低于低刻度，要及时补充蒸馏水。使用高压氮气瓶时，必须连接减压阀进行降压，连接必须完好不漏气，减压阀必须完好。

（5）作业人员共两人，工作负责人（监护人）一人，工作班成员一人，工作人员必须经培训合格，有色谱分析上岗证书，经色谱专业培训一年后方可独立操作。作业人员应熟悉和掌握仪器的操作和使用方法，并能根据试验结果做出正确的判断，且精神状态良好。工作负责人应具有较高的专业技术水平，在整个试验过程中具有能解决技术难题、突发情况的能力，并制订试验措施，组织并合理分配工作，进行安全教育，督促、监护工作人员遵守安全规程，工作前对工作人员交代安全事项、技术要求，对试验的安全、技术等负责，试验工作结束后应认真填写记录，并负责向技术专工告知有不合格的试验结果。工作班成员应认真履行油务员岗位责任制和化学监督制度，努力学习本章内容，严格遵守、执行相关安全规程和现场"危险点分析票"，互相关心试验安全。

（6）化验人员必须掌握相关安全规程知识，并经过《国家电网公司电力安全工作规程（变电部分）》考试合格。化验人员必须经培训合格，并持证上岗，具备必要的电器技术理论知识熟练掌握本章各项技能。化验人员应学会触电急救法和人工呼吸法等紧急救护法。化验人员要掌握一定的消防知识，会使用消防器材。化验人员应穿工作服，必要时应配戴口罩和耐酸、碱的橡胶手套。

（7）油中溶解气体分析化验室条件如下：环境温度：5～30℃（尽可能在10～30℃间测量）。相对湿度不大于80%。分析室的周围不得有强磁场，易燃和强腐蚀性气体。室内应保持空气流通及平衡，应安装空调。对易燃易爆的物品及有毒的药品应有专人严格管理，并做好记录。应有自来水、通风设备、消防器材、急救箱、受酸碱伤害时中和用的溶液以及毛巾、肥皂等物品。

第3节　油中溶解气体检测技术作业指导

1. 取样容器的准备

应使用密封良好且无卡塞的100mL玻璃注射器。取样注射器使用前，按顺序用有机溶剂（无水乙醇或石油醚）自来水、蒸馏水洗净，在105℃下充分干燥后，立即用密封胶帽盖住头部待用，保存在专用样品箱内。如果一次清洗多支注射器，应做好标识，防止混淆不配套。试验室应备有10L左右经检测合格的新变压器油（清洗油），用于100mL玻璃注射器清洗。用注射器抽取20mL

左右清洗油，盖上密封胶帽，上下晃动注射器几次后将油排尽，重复以上操作5 次，完毕后用干净抹布将注射器外表面擦干净，立即用密封胶帽盖住头部待用，保存在专用样品箱内。

2. 取气容器的准备

应使用密封良好且无卡塞的 10mL 玻璃注射器。取样注射器使用前，按顺序用有机溶剂（无水乙醇或石油醚）、自来水、蒸馏水洗净，在 105℃ 下充分干燥后，立即用密封胶帽盖住头部待用，保存在专用盒子内。如果一次清洗多支注射器，应做好标识，防止混淆不配套。

3. 现场取油、气样方法

根据现场工作时间和工作内容填写工作票，履行工作票许可手续。正确佩戴好安全帽，进入工作现场，在工作地点悬挂"在此工作"标示牌，检查安全措施是否满足工作要求，整齐摆放工器具及取样箱、取样容器。取样标签填写样品标签，完毕后粘贴在注射器上。标签内容：变电站名称、设备名称、取样日期等。

（1）取油样步骤。一般在设备底部取样阀取样，特殊情况下可以在不同位置取样。取油样前应确认设备油位正常，满足取样要求。核对取样设备和容器标签，用干净抹布将电气设备放油阀门擦净。用专用工具拧开放油阀门防尘罩。取油样操作。将三通阀连接管与放油阀接头连接，注射器与三通阀连接。旋开放油阀螺丝，旋转三通与注射器隔绝，放出设备死角处及放油阀的死油（大约500mL），并收集于废油桶中。旋转三通与大气隔绝，借助设备油的自然压力使油注入注射器，以便湿润和冲洗注射器（注射器要冲洗 2～3 次）。旋转三通与设备本体隔绝，推注射器芯子使其排空。旋转三通与大气隔绝，借助设备油的自然压力使油缓缓进入注射器中。当注射器中油样达到 50～80mL 时，立即旋转三通与本体隔绝，从注射器上拔下三通，在密封胶帽内的空气泡被油置换之后，盖在注射器的头部，将注射器置于专用样品箱内。拧紧放油阀螺丝及防尘罩，用抹布擦净取样阀门周围油污。检查油位是否正常，如不正常应补油。

（2）取气样步骤。取气样部位为气体继电器的放气嘴。核对取样设备和容器标签，用注射器抽取少许本体油，润湿注射器后排空，盖上密封胶帽，用干净抹布将放气嘴擦净。

（3）取气样操作。将三通阀连接管与放气嘴连接，注射器与三通阀连接。旋转三通与大气隔绝，缓慢拧开放气嘴，用气体继电器内的气体冲洗导通管及注射器。旋转三通与设备本体隔绝，推注射器芯子使其排空。旋转三通与大气隔绝，借助气体继电器内气体的压力使气样缓缓进入注射器中。当注射器中气样达到 6mL 左右时，立即旋转三通与本体隔绝，从注射器上拔下三通，在密封胶帽内的空气泡被油置换之后，盖在注射器的头部，将注射器置于专用盒子内，拧紧放气嘴。

4. 油样保存和运输

取好的油样应放入专用样品箱内，在运输中应尽量避免剧烈震动，防止容器破碎，尽量避免空运和避光。注射器在运输和保存期间，应保证注射器芯能自由滑动，油样放置不得超过 4 天。

5. 取样注意事项

取样应在晴天进行，取样后要求注射器芯子能自由活动，以避免形成负压空腔。取完油样后，清点工具，清理工作现场将废油及废材料收回统一管理。取油样结束 15min 后应对取样阀门进行检查，确保无漏油现象产生。取样时，适当使用工具，避免造成阀门滑丝。阀门不宜打开过大，防止取样阀门脱落造成事故。应遵守现场工作相关安全管理规程。

绝缘油中溶解气体检测，从油中脱出溶解气体因为气相色谱仪只能分析气样，所以必须从油中脱出溶解气体。从油中脱气方法很多，目前常用的脱气方法有真空法和溶解平衡法两种。在这两种脱气法中，溶解平衡法以其独特的特点（如操作方便、仪器用品简单、工作介质无毒安全，以及准确度高等）被列为对油样脱气的常规方法。根据取得真空的方法不同，真空法又分为水银托里拆利真空法和机械真空法机械真空法属于不完全的脱气方法，在油中溶解度越大的气体脱出率越低，而在恢复常压的过程中，气体都有不同程度的回溶。溶解度越大的组分，回溶越多。不同的脱气装置或同一装置采用不同的真空度，将造成分析结果的差异。因此，使用机械真空法脱气，必须对脱气装置的脱气率进行校核。

溶解平衡法也称顶空脱气法，目前使用的是机械振荡方式，因此，也称机械振荡法。其重复性和再现性均能满试验要求。该方法的原理是基于顶空色谱法原理（分配定律）。即在恒温恒压条件下的油样与洗脱气体构成的密闭系统内，通过机械振荡方法使油中溶解气体在气、液两相达到分配平衡。通过测定气体中各组分浓度，并根据分配定律和两相平衡原理所导出的奥斯特瓦尔德（Ostwald）系数计算出油中溶解气体各组分的浓度。

对振荡装置的要求：频率为 270～280 次/min，振幅为 35mm＋3mm，控温精度为 50±0.3℃，定时精度为＋2min，注射器放置时头部比尾部高出 5°，且出口嘴在下方，位置固定不动。

脱气装置的操作要点。为了提高脱气效率和降低测试的最小检知浓度，对真空脱气法一般要求脱气室体积和进油样体积相差越大越好。对溶解平衡法，在满足分析进样量要求的前提下，应注意选择最佳的气、液两相体积比。脱气装置应与取样容器连接可靠，防止进油时带入空气。气体自油中脱出后，应尽快转移到储气瓶或玻璃注射器中去，以免气体与脱过气的油接触时，因各组分有选择性地回溶而改变其组成。脱出的气样应尽快进行分析，避免长时间地储存而造成气体逸散。要注意排净前一个油样在脱气装置中的残油和残气，以免故障气体含量较高的油样污染下一个油样。

机械振荡仪操作流程，贮气玻璃注射器的准备：取 5mL 玻璃注射器 A，抽取少量试油冲洗器筒内壁 1～2 次后，吸入约 0.5mL 试油，套上橡胶封帽，插入双头针头，针头垂直向上。将注射器内的空气和试油慢慢排出，使试油充满注射器内壁缝隙而不致残存空气。试油体积调节：将 100mL 玻璃注射器中油样推出部分，准确调节注射器芯至 40.0mL 刻度（40.0mL 为推荐值，必要时也可调整试油体积），立即用橡胶封帽将注射器出口密封。为了排出封帽凹部内空气，可用试油填充其凹部，或在密封时，先用手指压扁封帽挤出凹部空气后进行密封。操作过程中应注意防止空气气泡进入油样注射器内。加平衡载气：取 5mL 玻璃注射器，用氮气（或氩气）清洗 1～2 次，再准确抽取 5mL 氮气（或氩气），然后将注射器内气体缓慢注入有试油的注射器内。含气量低的试油，可适当增加注入平衡载气体积，但平衡后气相体积应不超过 5mL。一般分析时，采用氮气作平衡载气，如需测定氮组分，则要改用氩气作平衡载气。振荡平衡：将注射器放入恒温定时振荡器内的振荡盘上。注射器放置后，注射器头部要高于尾部约 5°，且注射器出口在下部（振荡盘上按此要求设计制造）启动振荡器振荡操作钮，连续振荡 20min，然后静止 10min. 室温在 10℃ 以下时，振荡前，注射器应适当预热后再进行振荡。转移平衡气：将注射器从振荡盘中取出，并立即将其中的平衡气体通过双针头转移到注射器 A 内。室温下放置 2min，准确读其体积 Vg（准确至 0.1mL），以备色谱分析用。为了使平衡气体完全转移，也不吸入空气，应采用微正压法转移，即微压注射器的芯塞，使气体通过双针头进入注射器 A，不允许使用抽拉注射器芯塞的方法转移平衡气。注射器芯塞应洁净，以保证其活动灵活。转移气体时，如发现注射器卡涩时可轻轻旋动注射器的芯塞。

气体检测，气相色谱仪主要组成模块气相色谱仪担负着对样品的分离、检测功能，同时还对仪器的辅助部分如气路、温度等进行精密控制，它的质量好坏将直接影响分析结果的准确性。气相色谱仪应具备热导检测器（TCD）（测定氢气、氧气）、氢焰离子化检测器（FID）（测定烃类、一氧化碳、二氧化碳气体转化成的甲烷）、镍触媒转化器（将一氧化碳和二氧化碳转化为甲烷）。检测灵敏度应能满足油中溶解气体最小测浓度的要求。气路控制模块。主要作用是为保证进样系统、色谱柱系统和检测器的正常工作提供稳定的载气，另外，为检测器提供必需的燃气、助燃气以及有关辅助气体。气路控制系统的好坏将直接影响分离效率、稳定性和灵敏度，从而直接影响定性定量的准确性。

气路控制系统主要由开关阀、稳压阀、针型阀、切换阀、压力表、流量计等部件组成。

进样模块主要作用是与各种形式的进样器相配合，使有关样品快速、定量地送到各类型色谱柱上，进行色谱分离。进样系统的结构设计、使用材料、进样温度、进样时间、进样量及进样重复性都直接影响色谱分离和定量结果。

色谱柱的作用是分离混合物样品中的有关组分。色谱柱选用的正确与否，将直接影响分离效率、稳定性和检测灵敏度。

柱箱就是装接和容纳各种色谱柱的精密控温的炉箱，为色谱柱提供精密温度控制。

检测器是气相色谱仪的心脏部件，它的功能是把随载气流出色谱柱的各种组分进行非电量转换，将组分转变为电信号，便于记录、测量和处理。

每一种检测器都必须对应配套连接一个检测器电路，例如最常用的氢焰离子化检测器就必须配置一个微电流放大器，热导检测器就必须配置一个电桥供电源（有直流稳压电源，也有直流恒流电源等）。

温度控制模块。温度是气相色谱技术中十分重要的参数，一般气相色谱仪中，至少应有三路温度控制。

色谱工作站/数据记录仪。一般色谱仪只是输出样品组分被检测器转换后的电信号，因此，需要在检测电路输出端连接一个对输出信号进行记录和数据处理的装置，色谱工作站就是实现这种功能的装置，色谱仪必须和工作站或记录仪配套使用。在气相色谱仪的基本组成中，核心是色谱柱和检测器两大部分，气相色谱仪中其他部分，如气源、气路控制、检测电路等部分都是为色谱柱和检测器这两个核心部分服务的。

气路流程。常用的气路流程有单针三检测器、双针双检测器、单针双检测器等。

本章以常用的单针三检测器流程为例介绍操作方法。气路流程一针进样后经三个检测器（TCD＋双 FID）将变压器油中组分全部检测，即混合组分经进样口进样，通过载气经柱头分流，一路载气通过高分子聚合物色谱柱分离，由 FID1 检测出 CH_4、C_2H_4、C_2H_6、C_2H_2 等烃类；另一路载气经碳分子筛柱由 TCD 检测出 H_2、O_2 再经转化炉将 CO、CO_2 转化成 CH_4，然后将检测器信号切换到 FID2，由 FID2 检测器检测出 CO、CO_2 组分。

6. 气相色谱分析操作通用步骤

（1）色谱仪开机，检查进样胶垫，若有漏气隐患则更换。打开载气、氢气、空气三路气源，通气 10min 左右。通气期间，检查色谱仪工况，载气压力一般为 0.1～0.5MPa，如果高，则可能气路有堵塞；如果压力过低，则可能气路有漏气点。色谱仪的主要部件均需要工作在适宜的温度下。柱箱温度一般在 60℃左右，以保证最佳的柱效率和分离度；热导检测器温度一般比柱箱高 10～20℃，以避免从色谱柱来的物质在热导检测器中冷凝；氢焰检测器温度一般为 100～200℃，以避免氢焰燃烧产生的水在检测器中冷凝；转化炉检测器温度一般为 350℃左右，以保证镍触媒的最佳催化效率。氢焰检测器温度大于 100℃后，可对氢焰检测器点火，会有轻微的爆鸣声以示点火成功。若不易点火时，可适当加大氢气流量。热导检测器温度稳定后，可以加桥流。观察工作站上的检测器基线，稳定后即可进样分析。

（2）仪器的标定。气相色谱仪采用外标法计算样品结果。使用专用毫升进样器准确抽取已知各组分浓度 C 的标准混合气 0.5mL（或 1mL）进样标定。

标样出峰结束后，在标样出峰正常的情况下，即可做油样分析。标定仪器应在仪器运行工况稳定且相同的条件下进行，两次标定的重复性应在其平均值的±2%以内。每次试验均应标定仪器。至少重复操作两次，取其峰面积平均值 A_{is}（或峰高平均值），应注意检查标气的有效性，过期标气或压力过低的标气应及时更换。标气的浓度应正确输入到色谱工作站软件中。

（3）样品测试 油样测试时需在工作站输入试油体积、环境温度、脱气体积、大气压等工况参数。用 1mL 玻璃注射器 B 从注射器 A 中准确抽取样品气 1mL（或 0.5mL），进样分析。利用工作站确定各组分含量。样品分析与仪器标定应由同一人使用同一支进样注射器，取相同进样体积。进针时要做到"三快"和"三防"，三快是指：①进针要快（取气后针管应马上竖直持拿）；②推针要快（推下去之后要按住注射器芯，不能松开）；③取针要快（推完气体后，即可把针头快速取出，这时手不要松开注射器芯）。"三防"是指：①防漏出或堵塞样气；②防样气失真（不要负压下取气，标气不能超过保质期）；③防操作条件变化（温度、压力、流量、人员等）。

（4）结果计算。根据 GB/T 17623《绝缘油中溶解气体组分含量的气相色谱测定法》提供的计算公式，计算特征气体浓度结果。推荐使用专门的色谱工作站软件，正确选择脱气方式，实现自动计算。根据试验标准 DL/T 722《变压器油中溶解气体分析和判断导则》进行结果判断。

（5）关机。关闭工作站。关闭氢气钢瓶总阀或氢气发生器开关。关闭空气气源。关闭色谱仪电源开关。约 30min 后，关闭载气。

（6）工作结束。关闭试验电源，整理试验器具，按指定位置放好。出色谱分析报告并做出正确的判断，工作中发现问题应及时汇报。每次试验完毕，应检查气瓶阀门是否关闭。做好再检查再监督制度。

（7）日常操作过程中常见的故障现象及排除。

1）安装工作站。电脑重装操作系统后，要恢复原来的记录，要先用工作站光盘安装，再把备份的原数据复制到工作站的根目录下。串口打不开。关闭色谱电源开关或采集器电源开关，关闭软件，重新打开即可。

2）更换标气。更换过标气后，要把标气浓度按新的标气浓度重新输入，输入的位置不要错。旁边的奥斯系数不要修改，奥斯系数是每一个气体组分相对应的奥斯特瓦尔德系数，气体组分确定后，系数也就随之确定，参与油样计算，不能改变。

3）所有峰出峰低。一般为注射器漏气、进样口漏气、取的标气不纯等原因。

4）更换干燥剂的方法。在没有气体压力的情况下，旋下净化管，拧开净化管上的帽，倒出硅胶进行更换，更换后恢复原位，打开气源检查净化管是否漏气。

5）新油 C_2H_2 超标。原因主要表现为注射器未清洗干净或确实超标，建议标样和样品注射器不用同一个，避免相互影响。

6）认峰和峰处理。做完标样后，检查标样认峰是否正确，标样认峰可手动修改。油样中发现有认峰不规则的，也就是峰的起点和落点不对时，可按鼠标左键，从峰的左上到右下拉一个放大窗口，点击"修改峰"修改起点和落点即可。工作站能否保存在别的地方做的数据。在数据记录库中，选择要增加的单位和设备，点击上部快捷菜单中的"添加"按钮，直接点对应数据处增加数据，在不改变时间格式的情况下修改时间。增加完后，直接关闭窗口即可。

7）数据重新计算应注意的问题。调出的油样谱图重新计算的结果与以前做的不一样，主要是因为油样计算选择的标样不同。先按照标定一、标定二的名字把标样谱图从库中选出来，再把样品谱图从库中选出来，计算的结果就是原始结果了。当色谱峰出现平头峰时的处理方式。在特殊情况下，当油样浓度过大时，就会超过检测器本身的检测量程，色谱峰的表现形式为平头峰。当色谱峰出现平头峰时，可采用减少进样量的方法来解决。如平常进样量为 1mL，此时可进 0.2～0.5mL，当实际进样量减少时，要改变工作站中的进样量设置，让实际进样量与工作站输入进样量一致，工作站会根据设置自动换算，转换成 1mL 时的进样量与标样进行对比计算，因此不会影响计算结果。

8）新油脱气量少时的解决方法。新油中由于溶解气体的含量比较少，往往脱气量很少，有时只有 1～2mL，当冲洗完注射器后，剩余的气往往不够进样的。解决方法有两种：①增加平衡气体的量，正常脱气加平衡气是 5mL，此时可加 10mL 的平衡气，脱气量自然要增加，即可满足试验要求，对分析结果没有任何影响；②当实际进样量达不到 1mL 时，可按实际进样量直接进样，此时要改变工作站中的进样量设置，让实际进样量与工作站输入进样量一致，工作站会根据设置自动换算，因此，不会影响计算结果。

7. 现场检测流程

（1）气相色谱仪检测步骤。下面以 GC-2018C 台式气相色谱仪及 ZF-2000Plus 便携式全自动气相色谱仪为例，进一步描述油中溶解气体流程。

1）开机步骤：打开氮气、氢气或氩气三个气源减压表调至 0.5M，0.3M，0.3MPa，通气 10min 后，打开 GC-2018C 主机电源，按"系统"键再按"高级"键开始加热各部件至设定值（运行参数出厂已配置好，勿动！运行参数请参看参数表）。当温度达到设定值后，按"检测器"键，"检测器 DET2"的界面，将 TCD 检测器打开，即在 TCD 后端选择"开"，按"确认"键。然后按"点火"键进行点火。观察工作站基线是否突变，或看监控页流路 1 电压值是否有变化，或用扳手放置 FID 喷嘴上看是否有雾气，如有说明已点燃。监控 FID、TCD 各项设定参数是否稳定到位。按"监控"键选择监控页流路 1 和监控页流路 2，观察其 FID、TCD，转化炉各参数情况（反复按"监控"键可切换三个界面）仪器开机 1h 后，打开工作站软件，观察 FID、TCD 基线情况，如基线高了或低了，可进行"调零"操作，使基线回归零点位置。也可通过"向上"键和"向下"键进行基线零点的手动调节。TCD 也可通过主机右侧面板上的"TCD ZERO"旋钮进行零点粗调（一般不要调动）。当 TCD、FID 的基线都稳定后即可做标样和样品的测定。

2）分析。做标准校正。平行做二次，取平均值。储存各组分 K 值平均值。做未知样测定。做油样色谱分析，打印分析报告，储存结果，打印故障种类和程度诊断报告，进行故障部位诊断，观察故障发展趋势分析等，详细操作请参照 GC-2018 操作说明书。

3）关机步骤。在 GC-2018C 主机上按"检测器"键，将 TCD 设定为"关"后按"确认"键。按"系统"键再按"高级"键停止加热各部件。按"温度"键观察降温情况，当检测器 1TCD 降至 70℃以下，即可将 GC-2018C 色谱仪主机电源关闭。关闭氮气、氢气或氩气三个气体气源钢瓶总阀，检查标气总阀是否关闭。将工作站数据入库，然后退出工作站，关闭电脑电源。关闭总电源。

4）工作站使用。油色谱试验涵盖了一系列相关的操作过程，按照操作顺序把各个操作单元串联起来讲述在进行一个化学分析试验的时候，需要做一些准备工作，油色谱试验也是如此，这些工作对于一个严谨的分析过程是必不可

少的。在工作站里体现在 4 个操作单元上：分析信息、添加选项、分析条件、
基线显示，如图 7-1~图 7-6 所示。

图 7-1　工作站操作菜单

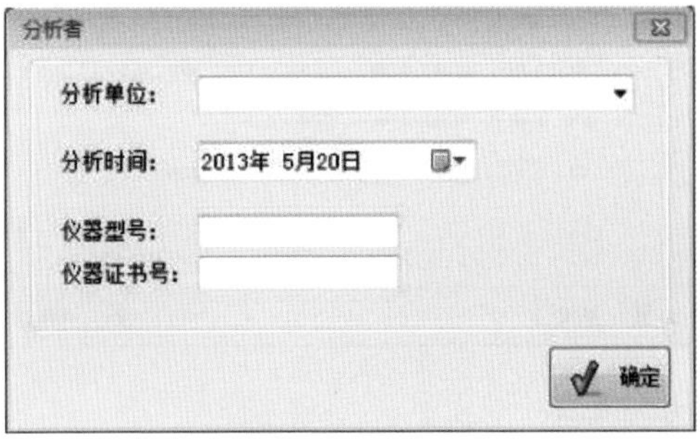

图 7-2　分析者信息

　　分析信息里需要填写分析单位、仪器型号和仪器证书号，同时还要确认分
析时间。"分析单位"项目里填写的内容会出现在实验报告里的标题中，"分析
时间"项目建议每次开机做实验前都要认真地检查一下是否正确，后面实验环
节里的标样数据和实验数据都需要附带分析时间进行保存，以便于查询和管
理。建议每次开机做试验前，检查一下分析时间是否准确。

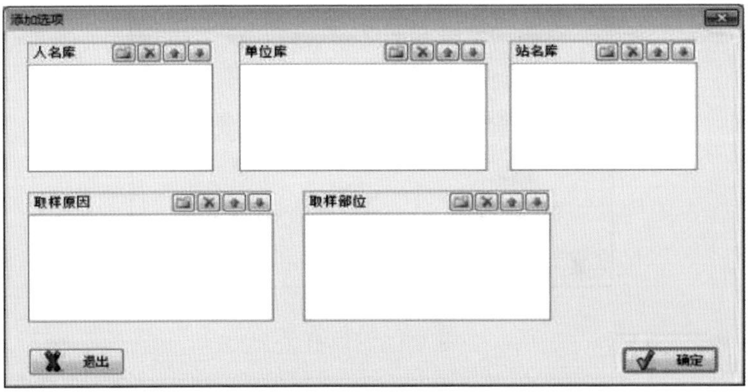

图 7-3　添加选项

添加选项包含五项常用信息的输入：人名、单位名、站名、取样原因、取样单位。这些信息一次性输入后工作站会保存起来，这样在后面填写样品条件的环节里就可以直接选择，不需要每次都重复输入。

图 7-4　分析条件

油样预处理方法根据使用者在做油色谱试验的时候采用的油样预处理方法，然后填写相应的参数，这些参数在计算实验结果的时候要用到，请仔细填写。填写好后，按"保存"按钮，工作站会保存起来，不需要再改动了，除非改变实验用的油样处理方法。

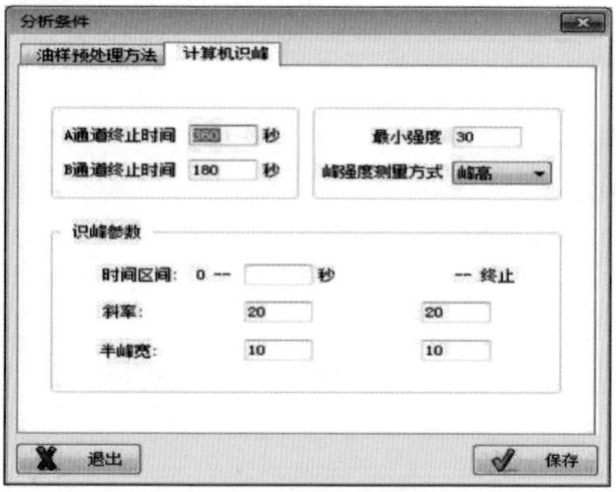

图 7-5　分析条件

计算机识峰终止时间：输入 A（氢焰）、B（热导）通道色谱分析停止时间，单位为"秒"。该时间根据色谱仪氢焰和热导的出峰时间而定，一般取最后一个峰出完之后的时间。各通道的最大设置时间为 1800s。

斜率、半峰宽、最小强度为三个常用识峰参数。可分两段时间，设置不同的识峰参数。

斜率：是用来区别基线漂移和色谱信号峰的指标之一。如果峰又宽又趴，此值应适当减小。

一般取值范围：基线又直又光时，为 5~15，基线噪声大时，为 15~50。

半峰宽：是区别尖毛刺和色谱信号峰另一指标。其数字为 10 时相当于 1s。

最小强度：用于排除背景噪声。其值（峰高定量时，单位为 μV）示色谱仪的分离情况、色谱仪的灵敏度高低而定。例如，设含 100×10^{-6} C_2H_2 的标气，其信号号大小为 $2000\mu V$，则可知 1×10^{-6} C_2H_2 的信号大小为 $20\mu V$。因此，若想让计算机自动识别出 1×10^{-6} 以下的 C_2H_2，"最小强度"应设在 20 以下。但同时要求色谱仪的噪声至少在 $10\mu V$ 以下。

为了有效测量小峰，本工作站设置了两个时间区间，各区间内可实施不同的识别峰参数。比如，对小 C_2H_2 峰，可在其出峰前将识别峰的斜率设为 5，半峰宽设为 15，因为小峰的斜率小，峰胖。

峰强度的定量方法，可选"峰高"测量法或"峰面积"测量法。填写好后，按"保存"按钮，工作站会保存起来，不需要再改动了。

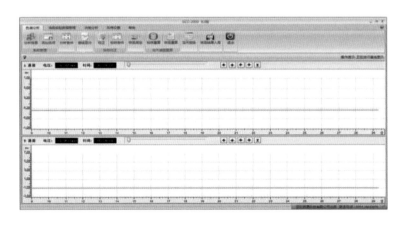

图 7-6　基线显示

基线显示进入这一环节，主要是为了在正式做油色谱试验前，观察色谱仪的状况，只有在基线显示环节中观察到色谱仪的基线平直稳定，才能进入下面的正式试验环节。坐标：选择 A、B 通道色谱图纵坐标满度量程，分 1、2、5、10、20、40、80、160、320、640、1000mV 共 12 档，改变纵坐标只改变峰显示高低，不影响计算。零点：选 A、B 通道起始基点，分－5、－4、－3、－2、－1、0mV 共 5 档。完成了以上 4 个油色谱试验前的准备工作步骤后，开始正式进行油色谱的检测试验。

（2）ZF-2000Plus 便携式色谱仪现场操作步骤：通信连接连接方式有两种，分别是 USB 连接和 WIFI 连接。①使用 USB 连接：将 USB 通信线的一端连接在主机上面板上，另一端连接到电脑的 USB 插口上。②使用 WIFI 连接：将电脑的 WIFI 选择为当前主机编号并连接。电源连接：取交流 220V 电源，将电脑、便携主机的电源线一端连接到各自的电源接口，另一端连接到插座上（插座开关处于关闭状态）。

1）开机步骤：打开氮气瓶、标气瓶开关阀，打开主机电源开关，打开电脑；运行色谱工作站软件，检查通信是否正常（各路温度应有室温附近的显示，压力、流量应指示正常），此时，工作站的智能控制功能会启动，自动判断工况，在适宜的时候升温、点火、加桥流；标样分析：当设备达到分析工况，基线平稳后，即可进行标样分析。设备标样分析为自动流程。打开标气瓶开关，点击工作站标样按钮（默认进样方式选择为自动），工作站即会自动进行标样分析，标样分析结束在弹出窗口点击确定即可。样品分析：样品分析为全自动流程。点击样品，输入样品信息后点击确定，工作站即自动完成进油、脱气、采集、反吹和结果计算的整个流程（请提前将样品注射器与进油三通连接好）。当进行高浓度样品分析后，建议使用工作站换油冲洗功能，使用待测油样或空白油样进行冲洗，以减少对待测样的干扰。

2）关机步骤。首先，应关闭主机电源，其次，关闭氮气瓶上的开关阀、标气瓶开关阀，然后将电脑关机，注意不要遗漏电源线和电源适配器等；拆掉各部件电源线、通信线和气路管等，并包装好，放到各自的存放位置。对现场进行检查，防止遗漏部件或线束。

3）注意事项。建议先连接好便携主机并上电，再运行工作站，这样智能控制功能才会生效。

4）工作站使用。工作站启动后，如图 7-7 所示界面。

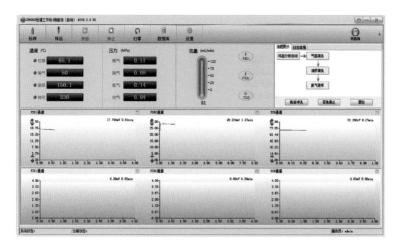

图 7-7 工作站界面

快捷按钮栏。如图 7-8 所示，界面左上方部分为"快捷按钮栏"，主要由"标样""样品""开始""停止""归零""切换""数据库""设置"八个快捷按钮组成。

图 7-8 快捷按键

a. 标样：点击标样即可进入标样分析操作。

b. 样品：点击样品即可进入样品分析操作。

c. 开始及停止：开始及停止代表了工作站是否正在采集谱图，自动色谱的工作站是自动采集，此功能一般无需手动操作。

d. 归零：用于将检测器输出信号电压值调整到零点附近，方便观察基线。

e. 数据库：通过数据库可进入单位信息、标样、样品及计算结果的查看及修改。

f. 设置：通过设置按键可对工作站进行一些系统设定。

控制面板位于界面中间部分，该控制面板集成了色谱仪操作的所有功能，可通过在工作站的控制面板操作来控制仪器，如图 7-9 所示。

状态按钮颜色说明。

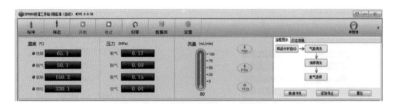

图 7-9 控制面板

控温灯：在温度显示前面如红灯常亮则进入升温，灰色则退温。

点火显示：FID 点火显示亮说明 FID 已经点火，反之则说明未点火。

加桥流显示：TCD 运行显示亮说明 TCD 桥流已加，反之则未加桥流。

状态灯：灯灰色状态说明设备未就绪，绿灯亮说明仪器正常，红灯亮说明仪器异常，请检查仪器各气路是否打开、温度是否显示正常。

流程图示/日志信息：流程图示可在样品分析过程中实时显示设备正在进行的流程；日志信息为设备执行指令的日志。

换油冲洗/紧急停止/复位：为三个辅助按钮。当进行高浓度样品分析后建议用待测油样或空白油样冲洗设备；当出现紧急情况需停止流程或采集过程时可点击紧急停止；复位为设备恢复到正常分析状态。

控温、FID、TCD 状态按钮除可显示状态外，还可通过点击该按钮进行温控、点火及桥流的控制。

工具栏中的标样键是用来进行标样采集的相关设定的，点击标样进入标样采集设定界面，如图 7-10 所示。

图 7-10 标样采集

设置完毕后点击确定，工作站开始进入自动进标样状态。无需手动操作，设备即会自动进样及采集，并进入数据分析界面。

工具栏中的样品键是用来进行样品采集的相关设定的，点击样品进入样品采集设定界面，如图 7-11 所示。

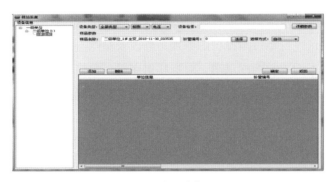

图 7-11　样品采集设置

在需要做样时，点击样品，首先选择所进油样的单位及设备信息，然后对油样参数信息进行修改，确认信息无误后点击确定。工作站即会自动进入样品采集操作，整个过程为自动运行，无需手动操作。进样完成后系统会自动将计算结果存储到记录库中，可在数据库的样品库及记录库的相应单位信息下查找谱图及分析结果。

开始及停止按键对应采集的两种状态，当不处于采集状态时这两个按键是灰色的。当进入预备采集状态后，及准备开始采集但还未采集时，开始键点亮，停止键灰色。当谱图开始采集后，开始键灰色，停止键点亮。

可通过这两个键的点亮状态来判断当前的谱图采集状态，也可手动点击开始或停止进行谱图的采集。自动色谱无论是进标样或者是进样品均为自动操作，工作站会自动的控制状态进入开始或停止，一般无需人工手动操作。

归零的功能是用于将检测器输出信号电压值调整到零点附近，方便观察基线。点击工具栏中的"归零"按键即可将当前检测器的输出信号调整到零点。

点击主界面上方"数据库"功能键，会出现如图 7-12 所示界面。

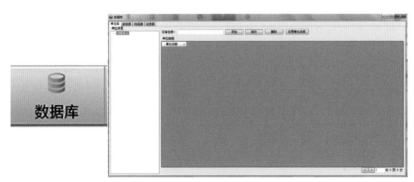

图 7-12　数据库

在界面内左上角为单位库、标样库、样品库及记录库。

单位库：可进行单位与设备的添加、修改及删除。

标样库：查询现有标样谱图，对标样谱图进行编辑。

样品库：查询现有样品谱图，对样品谱图进行编辑。

记录库：查询样品的计算结果。

点击菜单栏的设置键，进入设置界面，如图 7-13 所示：

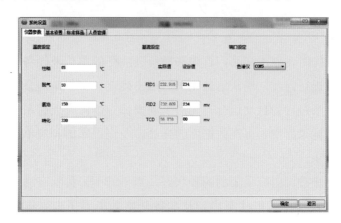

图 7-13　系统设置

设定界面共有四个选项，分别为"仪器参数""基本设置""标准样品"及"人员管理"。

仪器参数：进行温度、基流的查询及设置，端口号的设置等。

基本设置：方法变更、打印功能设置、数据备份等。

标准样品：标准样品浓度的输入。

人员管理：操作人员管理。

8. 谱图编辑功能

（1）放大峰。在每个通道的右上角均有一个放大/恢复键 ▢，单击此键可将此通道谱图放大，再次单击恢复。在进行修峰时可先将通道结果放大，如果还想继续对某个峰放大可用按住鼠标左键，将想放大的峰拉住，再松开左键。此时之前拉住的那个峰就会放大了，如图 7-14 所示。

（2）删除峰。单击删除按键，然后用鼠标左键点击想要删除的峰即可将这个峰删除，如图 7-15 所示。

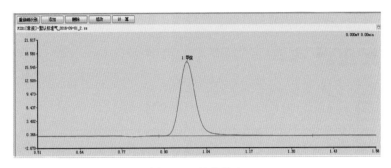

图 7-14　峰值放大

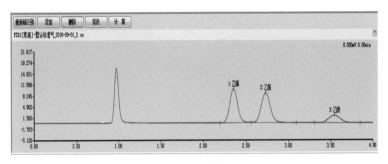

图 7-15　删除峰

（3）添加峰。单击添加按键，然后用鼠标分别点击想要添加的峰两侧拐点处，即可完成此峰的添加，如图 7-16 所示。

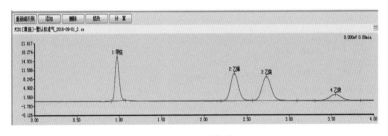

图 7-16　添加峰

（4）修改峰。对峰的修改是谱图编辑中常用的功能，点击修改按键，然后点击想要修改的峰，此时在峰两侧拐点位置即会出现两条竖线。选中其中一台竖线，向前后拖动，拖动至认为合理的峰拐点处，松开鼠标左键即可完成峰单侧的修改。同样的方法进行另一侧的修改，如图 7-17 所示。

（5）峰定性。在想要修改的峰上单击鼠标右键，即可打开此峰的信息。在下拉列表中有当前通道下所有组分的信息，可根据实际需求选择对应的组分名称,点击确定,即可完成对此峰的定性修改,如图 7-18 所示。

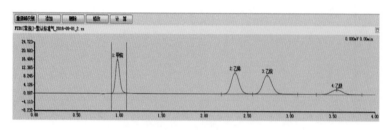

图 7-17　修改峰

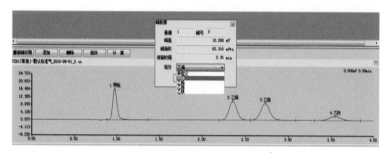

图 7-18　峰定性

(6) 数据的备份。如果担心因为电脑故障或者人为误操作造成数据丢失,可以备份工作站的主数据库,方法如下:打开右上角"　　　"中"系统管理→系统设置",使用系统备份功能,如图 7-19 所示。

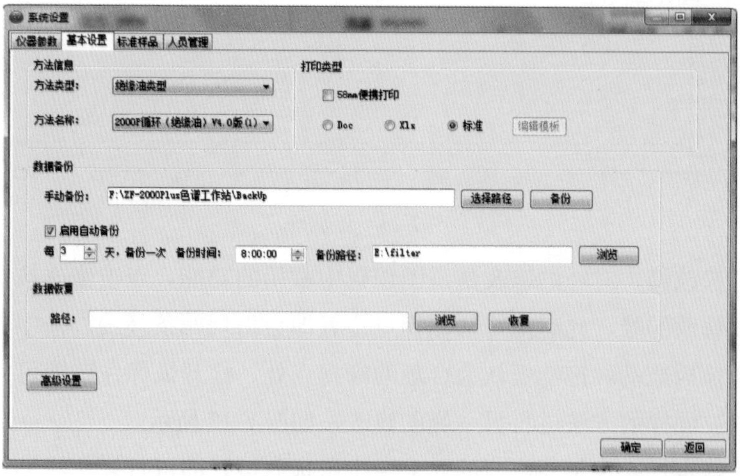

图 7-19　系统设置

在此界面下设置您想备份的路径，然后点击备份即可进行备份。也可将自动备份选项打钩，使工作站在一段时间后自动备份。每一阶段，您可以到设置的备份路径文件夹中对数据进行其他方式拷走，进而双重备份。

（7）数据的准确性。工作站自动认峰可以处理大部分谱图，但对于一些复杂的谱图情况（比如重叠峰、基线鼓包峰）就可能认不准，因此在必要时，需要在观察样品计算结果之前，先使用放大功能对小峰、重叠峰放大，检查它们的认峰情况是否正确，如果不正确要进行峰处理，然后再进行计算，以保证计算结果的准确性。

9. ZF-2000Plus 便携式仪器的问题处理

（1）设备长期放置建议每月至少开机运行一次，以保证设备能够正常工作。将设备正常开机，连接工作站，自动升温后运行 4h 以上，观察基线比较平稳即可。钢瓶压力降到 2MPa 以下时，请及时予以更换或充装。氢气发生器低位警报时请选择蒸馏水或纯净水及时补水。变色硅胶超过 2/3 变红应更换。油样分析过程中及结束后，及时清理废油瓶，以免溢出或倾洒。设备清洁时，可使用中性清洁机擦拭，但应在关机时操作，应避免水滴入设备内部。设备在使用、运输过程中应避免设备侧放或倒置。如需长途物流运输建议将电解液抽出。如果仪器的外壳需要清洁，可以使用中性清洁剂，进行擦拭。注意不要在开机状态或刚关机时清洁，以免被高温部件烫伤。清洁时，不要将水滴入设备内部，以免损坏检测器或电子元件。

（2）变色硅胶更换。氢空发生器的变色硅胶应经常检查，如发现超过 2/3 变为红色应及时更换。更换方式为：①将净化管连接的气路管拔掉（将快插接头的白色弹片按下，同时将气路管拔出）。②将净化管变色硅胶一侧的盖子拆下，取下脱脂棉，更换变色硅胶，放上脱脂棉并拧紧盖子。③将净化管放回原处，并重新连接好气路管。④开机观察氢空压力是否正常升高，如压力升高很慢或一直为 0，请检查净化管内垫子是否正常密封、是否拧紧及快插接头是否插到底。注意：拧上净化管盖子时不要压到脱脂棉。

（3）串口连接问题。如果色谱仪已通过正确的方法和电脑相联，并且串口已经选择正确，工作站打开后，可以在分析窗口中随时间走动的基线，并可以看到温控、压力均有数字显示，这是代表工作站正常工作。如果采集窗口右上角的电压值常见不跳动，或一直为 0.00mV，并且采集窗口上方出现了提示：该通道五秒内无数据上传，请检查！这时代表工作站和色谱主机没有正常通信，需要进行以下检查：检查色谱和电脑的连线是否正确。如果数据线连接有误请重新连接，如图 7-20 所示。

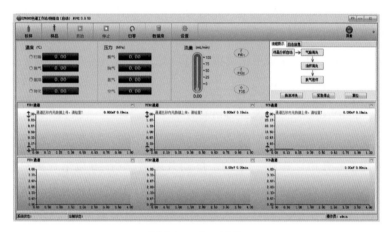

图 7-20　串口连接

这时候，如果确定设备和电脑的连接正常，并且色谱仪电源已经打开。可在设置→仪器参数中的端口设置对色谱仪进行端口选择，然后点击确定保存，如图 7-21 所示。

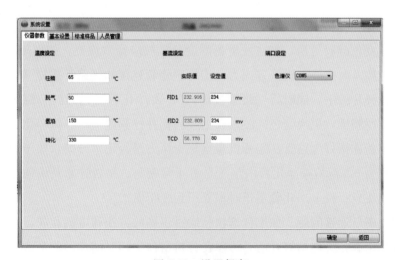

图 7-21　设置保存

（4）样品计算。样品分析结束会自动计算并弹出计算窗口。如各组分能观察到明显认峰，而计算的各组分浓度值均为 0，此时为工作站计算问题，可从以下方面查找问题原因。

1）标气浓度未输入，重新输入标气浓度并再次进样即可。

2）将标样重新调出并计算，再次计算样品。

（5）氢空压力过低。设备氢空气采用发生器，正常开机后几分钟内氢空压力应升到正常状态（氢气压力一般为 0.1～0.2MPa，空气压力一般为 0.02～0.06Mpa）。如长时间氢空气压力过低，可首先检查净化管连接口是否正常，可使用皂液涂抹净化管快插接头看是否有鼓泡。如果快插接头处漏气，可重新插拔或更换配件中的快插接头。如最近更换过变色硅胶，可检查净化管两端盖子是否压到脱脂棉导致漏气。

（6）载气漏气。如发现载气钢瓶漏气或钢瓶压力降低过快（一般 1L 钢瓶充满后可使用 20～30h），可检查钢瓶连接快插接头及充气接头是否漏气、如快插接头漏气可更换配件中的快插接头。

10. 弹窗报警

工作站内置了一些常见的故障判断及报警功能，如图 7-22 所示，可根据弹出内容进行简单的故障排查及处理。表 7-2 中列出了可能出现的弹窗消息及出现弹窗的时间和原因。

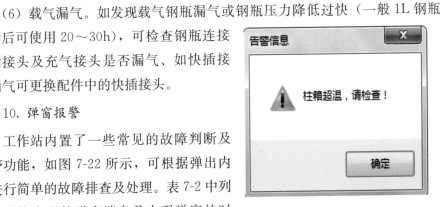

图 7-22　弹窗报警

表 7-2　　　　　　　　　　　　弹窗报警信息及原因

弹窗消息	出现时间及原因
柱箱/脱气/氢焰/转化超温	设备启动及运行过程中出现。一般为温控铂电阻断路导致
载气压力低，请检查！	载气压力过低时出现。可能为载气钢瓶未打开或钢瓶压力过低
正在进行其他操作，已关闭标样（样品）分析流程！	点击标样（样品）分析时出现。因正在运行手动冲洗等流程，不可以进行标样（样品）分析
正在进行标样或样品分析，已停止手动冲洗！	点击手动冲洗时出现。因正在进行标样/样品分析，不可以进行手动冲洗

续表

弹窗消息	出现时间及原因
载气流量过低（大）！ 请检查！	载气流量异常时出现（流量＞120 或＜20）。载气钢瓶未打开或设备存在漏气（重点检查进样口是否漏气）
氢气（空气）压力过低！ 请检查！	设备启动时出现。温度已升到设定值但氢空压力偏低，一般为氢空发生器故障
进油异常，请检查连接管路 是否漏气！	样品分析时出现。进油时脱气压力未降低，油样未正常进入设备，一般为进油管路未打开或漏气
进油异常，请检查是否堵塞！	样品分析时出现，脱气压力一直过低。一般为进油管路堵塞、阀未打开或针管卡涩
脱气超压！	设备运行过程中可能出现，脱气压力超过 0.4MPa 时报警。一般为设备内部故障

（1）载气瓶充气方法。

1）连接。关闭载气瓶（小瓶）的总阀（下方为总阀），用活口扳手卸掉小载气瓶总阀旁边的堵帽，然后将高压充气管一端（带有放气阀端）连接小载气瓶，另一端连接大氮气瓶，如图 7-23 所示。

2）清洗气路。缓慢打开大钢瓶的总阀（旋开量不要过多，将流速控制在较小的范围内），将充气管放气开关阀打开放气，当有气体从充气管放气口排出时，停留一段时间（30～60s，根据放气时的流速确定）保证气路管中的空气排净，然后关闭充气管放气开关阀。

3）充气。缓慢打开小瓶总阀，进行充气，旋开量不要过多，将速度控制在 2MPa/min 向小瓶中充气，此时小瓶的压力逐渐升高，如果小瓶

图 7-23　载气连接

壁过热，可以关闭小瓶总阀，等待小瓶降温后继续充气。当小瓶压力和大钢瓶的压力平衡时（听不到气体流动的声音）分别关闭小瓶和大瓶总阀，完成充气过程。

4）拆卸。打开充气管放气开关阀，将高压充气管中的残余气体放出，然后将充气管卸掉，将小气瓶上堵帽拧紧即可。

5）注意事项。由于充气过程涉及高压气体，需注意安全。

（2）过热性故障。

1）按温度高低分为：低温过热（150℃ 以下）、中低温过热（150～

300℃）、中温过热（300～700℃）和高温过热（700℃以上）。

2）150℃以下的低温过热通常是由应急性过负荷造成绝缘导线过热引起的。

3）150℃以上的中低温、中温、高温过热的表现形式是局部过热现象，主要发生的部位是在分接开关触头间接触不良、铁心存在两点或多点接地、载流裸电导体的连接或焊接不良、铁心片间短路、铁心被异物短路、紧固件松动、漏磁环流集中部位、冷却油道阻塞部位等。

4）按过热部位分为裸金属过热和固体绝缘过热两类。

（3）放电性故障。

1）电弧放电：多发生在线圈匝间、层间和段间的绝缘击穿、引线断裂、对地闪络、分接开关飞弧等部位。电弧放电属于较严重的放电现象，这种放电现象大多非常突然，表现剧烈，多引起气体继电器的动作发跳闸信号。

2）火花放电：多出现在引线及导线连接处、引线接触（包括开关弧触头）不良处、悬浮导体对地间、铁心接地不良处等裸金属部位。火花放电属于中等放电现象。这种放电主要特点是间歇性放电，在较长时间内不断发生，会频繁引起气体继电器的产气报警。

3）局部放电：多发生在油中气泡、气隙，绝缘件的夹层、空穴处，悬浮金属导体周围、强电场中导电体和接地处金属部件尖角部位、强电场中受潮的绝缘体内。局部放电的主要特点是低能量、低密度，外部表现不明显，但作用时间长，H_2、CH_4 等特征气体会持续增长，因此，通过油色谱分析可以有效地诊断局部放电故障。

（4）特征气体。

1）首先要看看特征气体的含量。若 H_2、C_2H_2 或总烃有一项或几项大于规程规定阈值（如表 7-3 所示），应根据特征气体含量作大致判断。

2）过热性故障的产气组分。热性故障（以中、高过热为主）主要是以烃类气体中的 C_2H_4 为主，还有 CH_4 和 C_2H_6，而且随着温度的升高，C_2H_4 所占比例增加并占主要成分，通常生成 C_2H_4 的温度是 500℃。因此，总烃中烷烃和烯烃过量而炔烃很少或无，则是过热的特征。

3）放电性故障的产气组分。对电弧放电和火花放电而言，放电能量较高，温度较高（一般在 800～1200℃），所以电弧放电和火花放电的产气主要是 C_2H_2；局部放电能量较低，产气主要是 H_2、CH_4，如表 7-3 所示。

表 7-3　　　　　　　　不同故障情况产生的主要和次要气体组分

故障类型	主要气体组分	次要气体组分
油过热	CH_4，C_2H_4	H_2，C_2H_6
油和纸过热	CH_4，C_2H_4，CO，CO_2	H_2，C_2H_6
油纸绝缘中局部放电	H_2，CH_4，CO	C_2H_2，C_2H_6，CO_2
油中火花放电	H_2，C_2H_2	
油中电弧	H_2，C_2H_2	CH_4，C_2H_4，C_2H_6
油和纸中电弧	H_2，C_2H_2，CO，CO_2	CH_4，C_2H_4，C_2H_6

无论是过热性故障还是放电性故障，只要有固体绝缘介入（故障部位有纸质绝缘材料包覆）都会产生 CO 和 CO_2，裸金属部位过热和放电所产生的 CO 和 CO_2 很少甚至没有。所以如果 CO 和 CO_2 没有出现大幅增长，则可排除固体绝缘异常的可能。如果发现 CO 和 CO_2 增长较快，不能简单认为存在固体绝缘缺陷，应具体分析。固体绝缘的正常老化过程与故障情况下的劣化分解，表现在 CO 和 CO_2 的含量上，一般没有严格的界限，规律也不明显。经验证明，当怀疑设备固体绝缘材料老化时，一般 $CO_2/CO>7$。当怀疑故障涉及固体绝缘材料时（高于 200℃），可能 $CO_2/CO<3$，必要时，应从最后一次的测试结果中减去上一次的测试数据，重新计算比值，以确定故障是否涉及固体绝缘。变压器内部受潮，主要产气成分为 H_2；如果因受潮发生了局部放电，也会产生 CH_4。

（5）产气速率。主要方法：①绝对产气速率，即每运行日产生某种气体平均值；②相对产气速率，即每运行月（或折算到月）某种气体含量增加原有值的百分数的平均值。

当某一项或几项气体的产气速率超过注意值时，则怀疑设备存在故障，应结合不同故障类型产生的特征气体进行分析。对总烃起始含量很低的设备，不宜采用此判据。对怀疑气体含量有缓慢增长趋势的设备，使用在线监测仪随时监视设备的气体增长情况是有益的，以便监视故障发展趋势。

（6）三比值法。所谓三比值法实际上是罗杰斯比值法的一种改进方法。通过计算 C_2H_2/C_2H_4、CH_4/H_2 和 C_2H_4/C_2H_6 的值，构成三对比值，对应不同的编码，分别对应经统计得出的不同故障类型。使用此方法应注意的问题如下。

1）若油中各种气体含量正常，其比值没有意义；

2）只有油中气体各成分含量足够高（通常超过阈值），气体成分浓度应不小于分析方法灵敏度极限值的 10 倍，且经综合分析确定变压器内部存在故障后，才能进一步用三比值法分析其故障性质。

（7）综合判断。除了以上几种方法，还可以结合其他一些方法和手段辅助诊断，例如比值 O_2/N_2 可以给出氧被消耗的情况；比值 C_2H_2/H_2 可以给出有载调压污染的情况；在气体继电器中聚集有游离气体时，通过判断游离气体与溶解气体是否处于平衡状态，进而可以判断故障的持续时间和气泡上升的距离。查阅资料了解设备的结构设计特点，核对设备的运行检修历史，例如，历史缺陷和消缺情况、遭受短路冲击情况、大小修情况、负荷变化情况等。有条件可开展其他试验，例如，测量绕组直流电阻、变压器空载特性试验、绝缘测量、局部放电试验、测量铁心接地电流、辅助设备检查和理化微水分析。根据以上所有方法和资料的结果，进行综合判断。出厂前的设备，对新出厂和新投运的变压器和电抗器要求为：出厂试验前后的两次试验结果，以及投运前后的两次分析结果不应有明显区别。此外，气体含量应符合国家标准要求。注意积累数据。当根据试验结果怀疑有故障时，应结合其他检查性试验进行综合判断。

第 4 节　典　型　案　例

案例 7-1　变压器绕组变形案例分析

（1）简要案例经过。2015 年某 66kV 变电站 1 号主变压器（型号：SZ11-31500/66）一、二次断路器跳闸，主变压器轻瓦斯保护启动，气体继电器内气体聚集。

（2）检测分析结果，如表 7-4 所示。

表 7-4　　　　　1 号主变压器油中溶解气体试验数据（μL/L）

H_2	CH_4	C_2H_4	C_2H_6	C_2H_2	CO	CO_2	总烃
242.7	33.1	30.8	8.53	70.52	490.1	1003.1	142.95

（3）诊断性试验数据分析及结论。油中溶解气体检测、频响试验等项目异

常。油中总烃 142.95μL/L，乙炔 70.52μL/L。综合结论：变压器 c 相绕组发生匝（段）短路故障，电弧放电，c 相绕组股间短路；绕组变形，以低压 a 相最为严重。

（4）解体检查情况。低压绕组 a 相低压侧 b 相侧与轴线约 15°夹角方向从上至下的 2 段绕组均出现严重外凸变形，上侧绕组变形严重，端部绕组外散，下段绕组首匝匝间各股绝缘电弧烧黑表层绝缘村质变脆，局部碳化。

低压绕组 a 相中段第 23 匝为放电中心位置，低压绕组线圈间绝缘纸板击穿，线圈间绕组绝缘击穿放电，导致低压绕组至少 37 匝短路，个别股 2/3 以上被电弧烧熔；变压器铁心表面存在较多杂色区域，为油泥在绝缘件与铁心接触部的沉积，如图 7-24 所示。

图 7-24　变压器绕组解体检查

（5）缺陷原因分析。主变压器故障诱因为 10kV 出线电缆 A、C 相相间短路，重合闸动作将故障未消除线路再次投系统，对变压器的损害最为严重。短路电流冲击也导致低压绕组局部凸起变形。变压器连续受到 2 次近区短路电流冲击，即发生严重绕组变形，说明本台变压器抗短路冲击能力较低。

（6）经验体会。分析油中溶解气体的组分和含量，是监视充油电气设备安全运行的最有效措施之一。特征气体随着故障类型、故障能量及绝缘材料的不同而不同，通过对特征气体的检测，能快速有效地发现变压器内部存在的绝缘故障。重视变压器产品抗短路能力要求，并从设计、监造各环节严格核对和检查。变压器故障后，试验单位所进行的诊断性试验项目针对性较强，认定变形绕组，保证了及时、准确判定设备缺陷，防止的将故障变压器再次投入系统。

案例 7-2　变压器内部局部放电案例分析

（1）简要案例经过。某 220kV 变电站 66kV 1 号站用变型号为 S11-M-630/

66，2007 年 4 月出厂。2009 年 10 月，进行该设备油中溶解气体例行分析时发现，油中氢气、总烃含量超过规程注意值且甲烷占总烃主要成分，此类缺陷特征为典型夹层局部放电缺陷多发生在电流互感器电容屏及绝缘纸层间，但在变压器内部结构部件中除了变压器套管可能发生夹层局部放电缺陷外，其他部位不具备发生夹层局部放电的条件及可能，如果因设备内部存在材质应用不良而引入的油中溶解气体组分异常也可以形成上述缺陷特征。建议对该设备缩短色谱检测周期进行监视。

2011 年 3 月某日，设备内部油中氢气、总烃含量继续增长并突然出现乙炔组分，说明设备内部缺陷已经开始恶化，专业人员建议对设备减负荷运行，色谱监测周期不超过 3 个月同时准备备品。

2011 年 6 月某日，该变压器一直处于空载运行状态，油色谱检测数据显示，氢气、乙炔含量继续增长，其他组分无明显增长，说明总烃含量中尤其甲烷变化受设备负荷影响较大，缺陷在减负荷情况下依然在发展，继续运行十分危险，上级管理部门要求设备停运并进行相关试验与返厂解体检查。

（2）跟踪检测分析结果，如表 7-5 所示。

表 7-5　　　　　　　　油中溶解气体试验数据（$\mu L/L$）

H_2	CH_4	C_2H_4	C_2H_6	C_2H_2	CO	CO_2	总烃
1527	276.5	1.8	31.2	1.9	109	590	311.4
4166	280	0.63	35.59	2.53	61.63	405.3	318.75
4694.2	257.1	0.74	33.61	2.62	51	453	293.07

对设备进行返厂解体，如图 7-25 所示，检查发现，A 相绕组中部引出线焊接部位与来自 C 相绕组中部连接到 A 相绕组上部形成 A 相套管引缆的连接线存在平行交汇段（设备连接组别为 Dyn11，一次连接组别为角接线），在 A 相引出线焊接部位及对应平行交汇段区域包扎的绝缘纸板上存在放电痕迹，经进一步解剖后确认，A 相线圈中部引出线焊接部位内部绝缘层存在明显放电痕迹。

（3）缺陷原因分析。分析认为，因工艺不良造成 A 相线圈中部引出线焊接部位绝缘包扎不良且绝缘层过薄，在运行时因电场不均匀而发生放电缺陷。依据缺陷发展的三个阶段分析，认为第一阶段首先产生夹层局部放电特征，与来自 C 相绕组中部连接到 A 相绕组上部形成 A 相套管引缆的连接线外部包扎的纸板有关，在缺陷发展初期平行交汇段两根引线电位不同，A 相绕组中部引出线焊接部位因工艺不良发生电场畸变，造成平行交汇段间电场强集中，然而纸板在连接线外缠绕两层以上，层间构成一个相对均匀的电场从而形成了一个有效的夹层，绝缘油在此夹层可以发生夹层局部放电而产生绝缘油裂解。随着缺陷的发展进入第二阶段，A 相绕组中部引出线焊接部位继续发生严重的绝缘击穿，放电点相对于纸板形成针与板电极放电，此类放电为典型的火花放电缺陷，油中出现乙炔组分，此时夹层局部放电和火花放电同时存在；第三阶段故障继续发展，逐渐在 1 号纸板上形成树枝状放电，最终会发生更为严重的电弧放电，平行交汇段引线因电弧放电烧损，严重时造成绕组短路，变压器整体烧损。

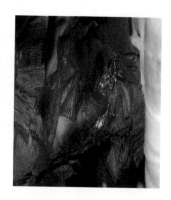

图 7-25　变压器解体照片

（4）诊断性试验数据分析及结论。缺陷存在于两相引出线的交汇段，A 相绕组中部引出线焊接部位因工艺不良电场畸变发生放电，最终导致平行交汇段部位对于纸板夹层产生局部放电，随后纸板出现树枝状放电。

（5）经验体会。分析油中溶解气体的组分和含量，是监视充油电气设备安全运行的最有效措施之一。通过对特征气体的持续跟踪检测，能快速有效地发现变压器存在的潜伏性绝缘故障，油中特征气体含量出现异常时，要认真分析，必要时安排停电试验检查、放油内检，准确查找缺陷部位。

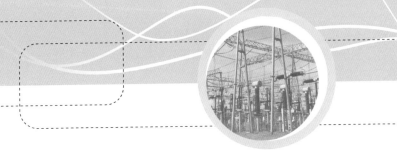

第8章 SF₆气体湿度检测技术

第1节 SF₆气体湿度检测技术原理

SF₆电气设备中气体湿度可以用冷凝露点式、电阻电容式湿度计和电解式湿度计测量。采用导入式的取样方法，取样点必须设置在足以获得代表性气体的位置并就近取样。测量时将湿度计与待检测设备用气路接口连接，连接方法参见图 8-1。

图 8-1 检测连接图

1—待测电气设备；
2—气路接口（连接设备与仪器）；
3—压力表；4—仪器入口阀门；
5—测试仪器；6—仪器出口阀门（可选）

1. 电解法二维

采用库伦法测量气体中微量水分，定量基础为法拉第电解定律。气体通过仪器时气体中的水被电解，产生稳定的电解电流，通过测量该电流大小来测定气体的湿度。

用涂有磷酸的两个电极形成一个电解池，在两个电极之间施加一个直流电压，气体中的水分在电解池内被作为吸湿剂的五氧化二磷（P_2O_3）膜层连续吸收，生成磷酸，并被电解为氢和氧，同时 P_2O_3 得以再生，检测到的电解电流正比于 SF₆ 气体中水分含量。该方法精度较高，适合低水分测量，但其干燥时间长，流量要求准确。

2. 冷凝露点法

冷凝式露点法测量气体在冷却镜面产生结霜（雾）时的温度称为露点，对应的饱和水蒸气压为气体湿度的质量比，直接测量得到露点温度，据此换算出微水值。此方法根据露点的定义测量，精度较高，稳定性好。

3. 电阻电容法

当被测气体通过湿敏元件传感器时，气体湿度的变化引起传感器电阻、电容量的改变，根据输出阻抗值的变化得到气体湿度值。该方法的检测精度取决于湿敏传感器的性能。

第2节 SF₆气体湿度检测仪技术要求

1. 一般要求

（1）使用环境条件。检测仪的使用环境条件要求如下：

1）环境温度：$-10\sim50\text{℃}$；

2）相对湿度：50℃（$5\%\sim90\%$）RH；

3）大气压力：$80\text{k}\sim110\text{kPa}$；

4）特殊工作条件，由用户与供应商协商确定。

（2）工作电源。检测仪的工作电源要求如下：

1）直流电源：$5\sim36\text{V}$ 电池；

2）交流电源：220（$1\pm10\%$）V，频率 50（$1\pm5\%$）Hz。

2. 功能要求

（1）基本功能。

1）具有数据查询、存储和导出功能；

2）宜具备告警阈值设置和指示功能；

3）宜具有干扰抑制功能；

4）若使用充电电池供电，电池应便于更换，电池连续工作时间一般不少于4h。

（2）专项功能。

SF₆气体湿度带电检测仪满足的专项功能如下：

1）应具有露点温度、体积比等参数显示功能；

2）应具有标准大气压条件下的露点温度显示功能；

3）应具有 20℃ 条件下体积比折算功能；

4）应具有流量调节功能，不超过 1L/min；

5）应具有数据存储、查询、输出功能；

6）检测仪若具有打印功能，不宜使用热敏等不易保存方式；

7）阻容式检测仪应具有开放式校准接口、干燥保护装置。

3.6 性能要求

（1）镜面式检测仪要求。

1）测量量程：-60～0℃（环境温度 20℃）；

2）示值误差：不超过±0.6℃；

3）响应时间：不超过 4min；

4）重复性：$RSD<1\%$。

镜面式检测仪示值波动不大于 1℃时，可认为检测仪示值稳定。

（2）阻容式检测仪。

1）测量量程：-60～0℃；

2）示值误差：不超过±2℃；

3）响应时间：不超过 3min；

4）重复性：$RSD<1\%$。

阻容式湿度检测仪 30s 内示值波动不大于 1℃，可认为检测仪示值稳定。

（3）电解式检测仪。

1）测量量程：10μ～$1000\mu L/L$；

2）示值误差：$\leqslant30\mu L/L$ 时，不超过$±1.5\mu L/L$，$>30\mu L/L$ 时，不超过±5%；

3）测量流量：（100±1mL）/min；

4）响应时间：不超过 4min（环境温度 20℃，待测气体露点温度-40℃时，30s 内示值变化量不大于 $5\mu L/L$）；

5）重复性：$RSD<1\%$。

电解式湿度检测仪 30s 内示值变化量不大于 $5\mu L/L$ 时，可认为检测仪示值稳定。

第 3 节　SF₆ 气体湿度检测作业指导

1. 电解法

（1）取样。

1）冷凝式露点仪采用导入式的取样方法。取样点必须设置在足以获得代表性气样的位置并就近取样；

2）取样阀选用死体积小的针阀。取样管道不宜过长，管道内壁应光滑清洁；管道无渗漏，管道壁厚应满足要求；

3）当测量准确度较低或测量时间较长时，可以适当增大取样总流量，在气样进入仪器之前设置旁通分道；

4）环境温度应高于气样露点温度至少3℃，否则要对整个取样系统以及仪器排气口的气路系统采取升温措施，以免因冷壁效应而改变气样的湿度或造成冷凝堵塞。

（2）试漏。采用 SF$_6$ 气体检漏仪对仪器气路系统进行试漏。

（3）标定流量计。当气样种类和室温、气压不同时，须用皂膜流量计对测量流量计进行标定。

（4）干燥电解池。用经干燥的气样吹洗仪器（同时电解），达到仪器规定要求。当采用辅助气（例如经干燥的氮气）进行干燥时，最好以四通阀切换。

（5）测量本底值。气样流经分子筛或五氧化二磷干燥器后导入仪器，并按规定的流量吹洗（同时电解）至达到低而稳定的数值，即为仪器的本底值（通常可达 5μL/L 以下）。

当含湿量较高（500μL/L 以上）或不宜采用干燥法时，可采用改变流量法确定仪器本底值：将测量流量分别调节为 50mL/min 和 100mL/min，旁通流量调节为 1L/min，读数取相应的稳定示值 V_{r50} 与 V_{r100}，然后按式（8-1）计算仪器本底值 V_{r0}：

$$V_{r0} = 2V_{r50} - V_{r100} \tag{8-1}$$

（6）测量。把测量流量准确调定在仪器规定的数值（通常为 100L/min），调节旁通流量约为 1L/min，在仪器示值稳定至少 3 倍时间常数后读数。

2. 露点法

（1）取样。

1）冷凝式露点仪采用导入式的取样方法。取样点必须设置在足以获得代表性气样的位置并就近取样。

2）取样阀选用死体积小的针阀。取样管道不宜过长，管道内壁应光滑清洁；管道无渗漏，管道壁厚应满足要求。

3）当测量准确度较低或测量时间较长时，可以适当增大取样总流量，在气样进入仪器之前设置旁通分道。

4）环境温度应高于气样露点温度至少3℃，否则要对整个取样系统以及仪器排气口的气路系统采取升温措施，以免因冷壁效应而改变气样的湿度或造成冷凝堵塞。

（2）试漏。采用 SF₆ 气体检漏仪对仪器气路系统进行试漏。

（3）测量。

1）根据取样系统的结构、气体湿度的大小，用被测气体对气路系统分别进行不同流量、不同时间的吹洗，以保证测量结果的准确性。

2）测量时缓慢开启调节阀，仔细调节气体压力和流速。测量过程中保持测量流量稳定，并从仪器直接读取露点值。检测过程中随时监测被测设备的气体压力，防止气体压力异常下降。

3. 电阻电容法

（1）记录测试现场的环境温度、湿度、设备压力。

（2）仪器开机、预热。

（3）按规定取样，并采用 SF₆ 气体检漏仪对仪器气路系统进行试漏。

（4）有干燥保护旋钮的仪器，将旋钮放置到正常测量位置。

（5）流量调节阀旋至最小位置，即关闭流量。

（6）测量时缓慢开启调节阀，仔细调节气体压力和流速。测量过程中保持测量流量稳定，待仪器示数稳定后读取检测结果并记录。

（7）进行检测结果初步判断，必要时进行复测。

（8）检测完毕后，关闭取样阀门，断开仪器管路与取样口连接，检查保证无泄漏。

测量完毕后，干燥保护旋钮放置到保护状态，并关机。

第 4 节　典　型　案　例

案例 8-1　　　GIS 母线刀闸气室 SF₆ 气体湿度超标缺陷

电压等级	220kV	设备类别	气体绝缘金属封闭开关
温度	28℃	湿度	50%
检测位置	检测情况		
GIS 母线刀闸气室	检测人员采用泰普联合 STP1000 SCHFMP SF₆ 电气设备绝缘气体综合检测仪在对 500kV 某变电站 220kV 电压等级 GIS 设备进行 SF₆ 气体湿度检测时，发现 220kV I/Ⅲ段		

GIS 母线刀闸气室	分段 2500 间隔的 25003 Ⅲ段母线刀闸气室 SF_6 气体湿度达到 520.2$\mu L/L$（两次有效检测结果换算到 20℃时的平均值），超过 Q/GDW 11305-2014《SF_6 气体湿度带电检测技术现场应用导则》规定的 SF_6 气体湿度注意值 500$\mu L/L$（20℃），间隔内其他气室的 SF_6 气体湿度均低于注意值
分析	在试验现场，查阅该站 2007 年投运时的 SF_6 气体检测交接报告，包含了 SF_6 气体湿度、成分、纯度、生化毒性等试验项目，试验结果合格。故排除了 SF_6 新气水分不合格的原因。 根据往年该站 GIS 设备湿度检测报告，未发现该气室存在着明显湿度逐步增大的过程，据此推断，绝缘件带入的水分、吸附剂的影响、透过密封件渗入的水分三种情况可能是造成该气室湿度超标的原因所在
处理建议	SF_6 高压电气设备中气体含有的微量水分可与 SF_6 分解产物发生水解反应，产生有害物质，水分含量较高时设备内部还存在结露的可能性，影响绝缘性能，这些都将影响设备运行状态并危及运行、检修人员的安全，因此对于 SF_6 气体中微量水分的分析、监测和控制应十分重视。建议结合检修周期，对湿度超标气室进行回充气处理，直至气室湿度符合标准要求，同时对该气室密封环节进行处理

案例 8-2　　GIS 母线间隔 1 号气室 SF_6 气体湿度超标缺陷

电压等级	220kV	设备类别	气体绝缘金属封闭开关
温度	26℃	湿度	50％
检测位置	检测情况		
GIS 母线刀闸气室	检测人员采用泰普联合 STP1000 SCHFMP SF_6 电气设备绝缘气体综合检测仪，在对 500kV 某变电站 220kV 电压等级 GIS 设备进行 SF_6 气体湿度检测时，发现 220kV Ⅲ段母线间隔 1 号气室 SF_6 气体湿度达到 714.7$\mu L/L$（两次有效检测结果换算到 20℃时的平均值），超过 Q/GDW 11305-2014《SF_6 气体湿度带电检测技术现场应用导则》规定的 SF_6 气体湿度注意值 500$\mu L/L$（20℃），间隔内其他气室的 SF_6 气体湿度均低于注意值		
分析	在试验现场，查阅该站 2007 年投运时的 SF_6 气体检测交接报告，包含了 SF_6 气体湿度、成分、纯度、生化毒性等试验项目，试验结果合格。故排除了 SF_6 新气水分不合格的原因。 通过 SF_6 气体检测热像仪对该气室进行了仔细扫描，未发现漏点，同时，PMS 系统中也并无该气室补气记录，故排除了设备泄漏点渗入水分的原因。 根据往年该站 GIS 设备湿度检测报告，未发现该气室存在明显湿度逐步增大的过程，据此推断，绝缘件带入的水分、吸附剂的影响、透过密封件渗入的水分三种情况可能是造成该气室湿度超标的原因所在		
处理建议	SF_6 高压电气设备中气体含有的微量水分可与 SF_6 分解产物发生水解反应，产生有害物质，水分含量较高时设备内部还存在结露的可能性，影响绝缘性能。这些都将影响设备运行状态并危及运行、检修人员的安全，因此，对于 SF_6 气体中微量水分的分析、监测和控制应十分重视。建议结合检修周期，对湿度超标气室进行回充气处理，直至气室湿度符合标准要求，同时对该气室密封环节进行处理		

案例 8-3　　　GIS 刀闸气室 SF$_6$ 气体湿度超标缺陷

电压等级	220kV	设备类别	气体绝缘金属封闭开关
温度	30℃	湿度	50%
检测位置	检测情况		
GIS 母线刀闸气室	检测人员采用厦门加华 SF$_6$ 电气设备气体综合检测仪在对 500kV 某变电站 220kV 电压等级 GIS 2202-2 刀闸气室进行 SF$_6$ 气体湿度检测时，发现 2202-2 刀闸气室 SF$_6$ 气体湿度达到 583.1μL/L，第二次检测结果为 578.0，两次平均值为 580.5（两次有效检测结果换算到 20℃时的平均值），超过 Q/GDW 11305－2014《SF$_6$ 气体湿度带电检测技术现场应用导则》规定的 SF$_6$ 气体湿度注意值 500μL/L（20℃），间隔内其他气室的 SF$_6$ 气体湿度均低于注意值		
分析	通过 SF$_6$ 气体检测热像仪对该气室进行了仔细扫描，未发现漏点，同时 PMS 系统中也并无该气室补气记录，故排除了设备泄漏点渗入水分的原因。 根据往年该站 GIS 设备湿度检测报告，未发现该气室存在着明显湿度逐步增大的过程，据此推断，绝缘件带入的水分、吸附剂的影响、透过密封件渗入的水分三种情况可能是造成该气室湿度超标的原因所在		
处理建议	SF$_6$ 高压电气设备中气体含有的微量水分可与 SF$_6$ 分解产物发生水解反应，产生有害物质，水分含量较高时设备内部还存在结露的可能性，影响绝缘性能，这些都将影响设备运行状态并危及运行、检修人员的安全，因此，对于 SF$_6$ 气体中微量水分的分析、监测和控制应十分重视。建议结合检修周期，对湿度超标气室进行回充气处理，直至气室湿度符合标准要求，同时对该气室密封环节进行处理		

案例 8-4　　　GIS 电缆仓气室 SF$_6$ 气体湿度超标缺陷

电压等级	66kV	设备类别	气体绝缘金属封闭开关
温度	30℃	湿度	50%
检测位置	检测情况		
GIS 母线刀闸气室	检测人员采用厦门加华 JH5000D-4 SF$_6$ 电气设备气体综合检测仪在对 500kV 某变电站 66kV 电压等级 1 号电容器间隔 612 电缆仓气室进行 SF$_6$ 气体湿度检测时，发现 1 号电容器间隔 612 电缆仓气室 SF$_6$ 气体湿度达到 523.1μL/L，第二次检测结果为 533.0，两次平均值为 528.0（两次有效检测结果换算到 20℃时的平均值），超过 Q/GDW 11305－2014《SF$_6$ 气体湿度带电检测技术现场应用导则》规定的 SF$_6$ 气体湿度注意值 500μL/L（20℃），间隔内其他气室的 SF$_6$ 气体湿度均低于注意值		
分析	通过 SF$_6$ 气体检测热像仪对该气室进行了仔细扫描，未发现漏点，同时 PMS 系统中也并无该气室补气记录，故排除了设备泄漏点渗入水分的原因。 在试验现场，查阅该站 2007 年投运时的 SF$_6$ 气体检测交接报告，包含了 SF$_6$ 气体湿度、成分、纯度、生化毒性等试验项目，试验结果合格。故排除了 SF$_6$ 新气水分不合格的原因。		

分析	根据往年该站 GIS 设备湿度检测报告，未发现该气室存在着明显湿度逐步增大的过程，据此推断，绝缘件带入的水分、吸附剂的影响、透过密封件渗入的水分三种情况可能是造成该气室湿度超标的原因所在
处理建议	SF$_6$ 高压电气设备中气体含有的微量水分可与 SF$_6$ 分解产物发生水解反应产生有害物质，水分含量较高时设备内部还存在结露的可能性，影响绝缘性能，这些都将影响设备运行状态并危及运行、检修人员的安全，因此，对于 SF$_6$ 气体中微量水分的分析、监测和控制应十分重视。建议结合检修周期，对湿度超标气室进行回充气处理，直至气室湿度符合标准要求，同时对该气室密封环节进行处理

第9章　SF₆气体纯度检测技术

设备在充气和抽真空时可能混入空气，其他气体也可能从设备的内部表面或从绝缘材料释放到 SF_6 气体，气体处理设备（真空泵和压缩机）中的油也可能进入到 SF_6 气体中，从而影响运行设备的 SF_6 气体纯度，因此，需定期开展 SF_6 气体纯度带电检测。

SF_6 气体纯度的主要检测方法有传感器法、气相色谱法、红外光谱法、声速测量原理、高压击穿法和电子捕捉原理等，应用较多的有传感器检测原理、气相色谱法和红外光谱法。

第1节　SF₆气体纯度检测技术原理

1. 热导传感器法

利用 SF_6 气体通过电化学传感器后，根据传感器电信号值的变化，进行 SF_6 气体含量的定性和定量测试，典型应用是热导传感器，该方法检测快速，操作简单，在现场应用较广，但传感器使用寿命有限。

纯净气体混入杂质气体后，或混合气体中的某个组分的气体含量发生变化时，必然会引起混合气体的导热系数发生变化，通过检测气体的导热系数的变化，可准确计算出两种气体的混合比例，由此可实现对 SF_6 气体含量的检测。

2. 气相色谱法

以惰性气体（载气）为流动相，以固体吸附剂或涂渍有固定液的固体载体为固定相的柱色谱分离技术，配合热导检测器，检测出被测气体中的空气和 CF_4 含量，从而得到 SF_6 气体纯度。

该检测方法的特点为：①检测范围广，定量准确；②检测时间长，检测耗气量少；③对 C_2F_6、硫酰类物质等组分分离效果差。

3. 红外光谱法

利用 SF_6 气体在特定波段的红外光吸收特性，对 SF_6 气体进行定量检测，

可检测出 SF_6 气体的含量。当用频率连续变化的红外光照射被分析的试样时，若该物质的分子中某个基团的振动频率与照射红外线相同就会产生共振，则此物质就能吸收这种红外光，分子振动或转动引起偶极矩的净变化，从基态跃迁到激发态。因此，用不同频率的红外光依次通过测定分子时，就会出现不同强弱的吸收现象。红外光谱具有较高的特征性，每种化合物都具有特征的红外光谱，用它可进行物质的结构分析和定量测定。通常用透光率 $T\%$ 作为纵坐标，波长 λ 或波数 $1/\lambda$ 作为横坐标，或用峰数、峰位、峰形、峰强描述。

该检测方法的特点有：①可靠性高，与其他气体不存在交叉反应；②受环境影响小，反应迅速，使用寿命长；③检测时间长，耗气量大，成本较高。

第2节　SF_6 气体纯度检测仪技术要求

1. 一般要求

（1）使用环境条件。检测仪的使用环境条件要求如下：

1）环境温度：-10～50℃；

2）相对湿度：50℃（5%～90%）RH；

3）大气压力：80k～110kPa；

4）特殊工作条件，由用户与供应商协商确定。

（2）工作电源。检测仪的工作电源要求如下：

1）直流电源：5～36V 电池；

2）交流电源：220（1±10%）V，频率50（1±5%）Hz。

2. 功能要求

（1）基本功能。

1）具有数据查询、存储和导出功能；

2）宜具备告警阈值设置和指示功能；

3）宜具有干扰抑制功能；

4）若使用充电电池供电，电池应便于更换，单词连续工作时间一般不少于 4h。

（2）专项功能。SF_6 气体纯度带电检测仪满足的专项功能如下：

1）应具有以 SF₆、空气为主要组分的体积分数、质量分数的结果显示功能；

2）应具有开放式校准功能；

3）应具有流量调节功能，最大不超过 300mL/min；

4）应具有数据显示、存储、查询、输出功能；

5）检测仪若具有打印功能，不应使用热敏等不易保存方式。

3. 性能要求

（1）热导纯度检测仪要求。

1）测量量程：90%～100%（质量分数）、65%～100%（体积分数）；

2）示值误差：不超过±0.2%（质量分数）；

3）重复性：不超过 0.1%；

4）分辨率：0.01%（质量分数）；

5）响应时间：不超过 60s［测量流量：（200±5）mL/min］。

（2）红外纯度检测仪要求。

1）测量量程：90%～100%（质量分数）、65%～100%（体积分数）；

2）示值误差：不超过±0.2%（质量分数）；

3）重复性：不超过 0.1%；

4）分辨率：0.03%（质量分数）；

5）响应时间：不超过 30s［测量流量：（200±5）mL/min］。

第 3 节　SF₆ 气体纯度检测作业指导

1. 热导传感器法

（1）原理。不同纯度 SF₆ 气体的热导率不同，当气体通入热导传感器时，热导传感器输出不同的电信号以实现对 SF₆ 气体纯度的定量检测。

（2）测量环境要求。

1）环境温度：−10～+55℃；

2）环境相对湿度（环境温度为 20℃时）：85%；

3）大气压力：80k～110kPa。

（3）操作步骤。

1）SF₆纯度检测仪开机、预热，确认流量调节阀处于关闭状态。

2）将SF₆纯度监测仪与待检测设备用气路接口连接，检测连接方法参见图9-1，并检漏无泄漏。

3）缓慢开启调节阀，将流量调至测试所需流量，开始测量，待检测数据稳定后，记录检测结果，重复检测一次。

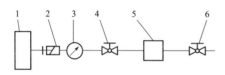

图9-1 管路连接示意图

1—待测电气设备；
2—气路接口（连接设备与仪器）；
3—压力表；4—仪器入口阀门；
5—测试仪器；6—仪器出口阀门（可选）

4）检测完毕，断开仪器管路与取样口连接，并检漏无泄漏。

5）关闭仪器开关，将流量调节阀旋至关闭状态。如图9-1所示。

2. 气相色谱法

（1）原理。利用样品中各组分在气相和固相间分配系数不同，当气态样品被载气带入色谱柱中流动时，各组分在两相间进行反复多次分配，经过一定的柱长后，彼此分离，配合不同检测仪器，检测出被测气体中的杂质含量，利用归一法得出SF₆气体纯度，计算公式如下：

$$\omega = 100 - (\omega_1 + \omega_2 + \omega_3 + \omega_4 + \omega_5 + \omega_6) \times 10^{-4} \tag{9-1}$$

式中：ω为SF₆纯度（质量分数），10^{-2}；ω_1为空气含量（质量分数），10^{-6}；ω_2为CF_4含量（质量分数），10^{-6}；ω_3为六氟乙烷含量（质量分数），10^{-6}；ω_4为八氟丙烷含量（质量分数），10^{-6}；ω_5为水分含量（质量分数），10^{-6}；ω_6为矿物油含量（质量分数），10^{-6}。

（2）空气、四氟化碳、六氟乙烷和八氟丙烷含量的测定。

1）仪器。

气相色谱仪：宜配有热导检测器和火焰离子化检测器，对六氟化硫气体中空气、四氟化碳的检测限不大于10×10^{-6}（体积分数），对六氟化硫气体中六氟乙烷、八氟丙烷的检测限不大于5×10^{-6}（体积分数）。

2）操作条件。

a. 载气：纯度不低于99.99×10^{-2}（体积分数的）的氦气；

b. 燃气：纯度不低于99.99×10^{-2}（体积分数）的氢气；

c. 助燃气：无油空气；

d. 色谱柱：长约 2m、内径 3mm 的不锈钢柱，内装粒径 0.30~0.60mm 的涂有癸二酸二异辛酯的硅胶，或其他等效色谱柱，主要用于空气和四氯化碳的分析，长约 3m、内径 3mm 的不锈钢柱，内装粒径 0.250~0.425mm 的 Porapak Q，或其他等效色谱柱，主要用于六氟乙烷和八氟丙烷的分析。

e. 其他条件：色谱柱温度、检测器温度、样气流量等其他条件参考仪器说明书。

3）操作步骤。

a. 打开载气阀门，接通主机电源，启动色谱工作站，调节合适的气体流量，设置色谱仪工作参数，等待色谱仪处于稳定备用状态。

b. 气相色谱仪的标定：每次开机，待仪器稳定后，应采用外标法对色谱仪进行定量标定，仪器标定工况应与检测时条件相同，相邻两次标定结果之差不大于标定结果平均值的 2%。

c. 样品检测：将待测样品与气相色谱仪进样口相连，按气相色谱仪说明书进行测试，平行测试至少 2 次，直至相邻两次测定结果之差不大于测定结果平均值的 10%，取其平均值。

d. 测试完毕，断开样品与气相色谱仪气路连接，按气相色谱仪说明书关闭气相色谱仪。

4）结果处理。空气、四氯化碳、六氟乙烷、八氟丙烷的质量分数按式 9-2 计算：

$$\omega_i = \frac{A_i}{A_s} \times \omega_s \qquad (9\text{-}2)$$

式中：ω_i 为样品气中被测组分的含量（质量分数），10^{-6}；A_i 为样品气中被测组分的峰面积；A_s 为气体标准样品中相应已知组分的峰面积；ω_s 为气体标准样品中相应已知组分的含量（质量分数），10^{-6}。

检测结果应符合下列要求：①检测结果用体积百分比或质量百分比表示，单位为%；②取两次检测结果的算术平均但作为检测结果。

质量百分比和体积百分比换算公式为

$$\omega = \frac{\phi \times M_2}{(1-\phi) \times M_1 + \phi \times M_2} \times 100\% \qquad (9\text{-}3)$$

$$\omega = \frac{\phi \times M_1}{M_2 + \phi \times (M_1 - M_2)} \times 100\%$$ (9-4)

式中：ω 为 SF_6 气体纯度质量分数，%；ϕ 为 SF_6 气体纯度体积分数，%；M_1 为空气的摩尔质量，28.84g/mol；M_2 为 SF_6 摩尔质量，146g/mol。

第4节 典 型 案 例

案例 9-1　　　　　　**GIS 电缆仓气室 SF_6 气体纯度不合格缺陷**

电压等级	66kV	设备类别	气体绝缘金属封闭开关
温度	25℃	湿度	50%
检测位置	检测情况		
GIS 母线刀闸气室	检测人员采用厦门加华 JH5000D-4 SF_6 电气设备气体综合检测仪在对 66kV 某变电站 66kV 一段母线电缆仓气室进行 SF_6 气体纯度检测时，发现 66kV 一段母线电缆仓气室 SF_6 气体纯度降低到 90.5%，第二次检测结果为 91.5%。低于 GB/T 12022—2014《工业六氟化硫》标准中规定的 97%		
分析	通过 SF_6 气体检测热像仪，对该气室进行了仔细扫描，未发现漏点，同时 PMS 系统中也并无该气室补气记录，故排除了设备泄漏造成纯度降低的原因。 　　在试验现场，查阅该站 2007 年投运时的 SF_6 气体检测交接报告，包含了 SF_6 气体湿度、成分、纯度、生化毒性等试验项目，试验结果合格。故排除了 SF_6 新气纯度不合格的原因。 　　因此推断，绝缘件带入的水分、吸附剂的影响、透过密封件渗入的水分三种情况可能是造成该气室纯度降低的原因所在		
处理建议	SF_6 高压电气设备中当 SF_6 纯度降低时，会降低绝缘性能，需重点监测设备运行情况，结合检修周期对气室进行换气处理		

案例 9-2　　　　　　**GIS 刀闸气室 SF_6 气体纯度不合格缺陷**

电压等级	220kV	设备类别	气体绝缘金属封闭开关
温度	25℃	湿度	50%
检测位置	检测情况		
GIS 母线刀闸气室	检测人员采用厦门加华 JH5000D-4 SF_6 电气设备气体综合检测仪在对 220kV 某变电站 220kV 东南甲线刀闸气室进行 SF_6 气体纯度检测时，发现 220kV 东南甲线刀闸气室 SF_6 气体纯度降低到 93.4%，第二次检测结果为 92.5%。低于 GB/T 12022—2014《工业六氟化硫》标准中规定的 97%		

分析	通过 SF_6 气体检测热像仪对该气室进行了仔细扫描，未发现漏点，同时，PMS 系统中也并无该气室补气记录，故排除了设备泄漏造成纯度降低的原因。 在试验现场，查阅该站 2007 年投运时的 SF_6 气体检测交接报告，包含了 SF_6 气体湿度、成分、纯度、生化毒性等试验项目，试验结果合格。故排除了 SF_6 新气纯度不合格的原因。 因此推断，绝缘件带入的水分、吸附剂的影响、透过密封件渗入的水分三种情况可能是造成该气室纯度降低的原因所在
处理建议	SF_6 高压电气设备中当 SF_6 纯度降低时，会降低绝缘性能，需重点监测设备运行情况，结合检修周期对气室进行换气处理

案例 9-3　　　GIS 母线气室 SF_6 气体纯度不合格缺陷

电压等级	66kV	设备类别	气体绝缘金属封闭开关
温度	25℃	湿度	50％
检测位置	检测情况		
GIS 母线刀闸气室	检测人员采用厦门加华 JH5000D-4 SF_6 电气设备气体综合检测仪在对 66kV 某变电站 66kV 二段母线气室进行 SF_6 气体纯度检测时，发现 66kV 二段母线气室 SF_6 气体纯度降低到 94.5％，第二次检测结果为 94.1％。低于 GB/T 12022－2014《工业六氟化硫》标准中规定的 97％		
分析	在试验现场，查阅该站 2007 年投运时的 SF_6 气体检测交接报告，包含了 SF_6 气体湿度、成分、纯度、生化毒性等试验项目，试验结果合格。故排除了 SF_6 新气纯度不合格的原因。 因此推断，绝缘件带入的水分、吸附剂的影响、透过密封件渗入的水分三种情况可能是造成该气室纯度降低的原因所在		
处理建议	SF_6 高压电气设备中当 SF_6 纯度降低时，会降低绝缘性能，需重点监测设备运行情况，结合检修周期对气室进行换气处理		

第10章　SF₆气体分解物检测技术

第1节　SF₆气体分解物检测技术原理

现场运行表明，与局部放电检测、交流耐压等电气试验方法相比，对于设备部件异常放电或发热、绝缘沿面缺陷、灭弧室内零部件的异常烧蚀等潜伏性故障诊断，及在事故后 GIS 内部故障定位等方面，SF_6 气体分解产物检测方法具有受外界环境干扰小、灵敏度高、准确性好等优势，成为运行设备状态监测和故障诊断的有效手段。

对于正常运行的 SF_6 电气设备，因 SF_6 气体的高复合性，非灭弧气室中应无分解产物，对于产生电弧的断路器气室，因其分合速度快，SF_6 气体具有良好的灭弧功能，及吸附剂的吸附作用，正常运行设备中不存在明显的 SF_6 气体分解产物。

由于设备长期带电运行或处在放电作用下，SF_6 气体产生 SF_4、SF_2 和 S_2F_2 等多种低氟硫化物。若 SF_6 不含杂质，随着温度降低，分解气体可快速复合还原为 SF_6。因实际应用的设备中，SF_6 含有微量的空气、水分和矿物油等杂质，上述低氟硫化物性质较活泼，易于氧气、水分等再反应，生成相应的固体和气体分解产物。

SF_6 电气设备发生缺陷或故障时，因故障区域的放电能量及高温产生大量的 SF_6 气体分解产物，放电下的 SF_6 气体分解与还原过程如图 10-1 所示。可见，SF_6 气体分解产物及含量的检测，对预防可能发生的 SF_6 电气设备故障及快速判断设备故障部位具有重要意义。

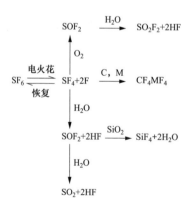

图 10-1　SF_6 气体分解产物

1. 放电缺陷

电弧放电，SF$_6$ 气体分解产物与氧气和水反应，生成 SOF$_2$、SOF$_4$、SO$_2$F$_2$、SO$_2$，HF 和金属氟化物等。

$$SF_4 + H_2O \rightarrow SOF_2 + HF \qquad (10\text{-}1)$$

$$SF_4 + O \_ \rightarrow SOF_4 \qquad (10\text{-}2)$$

$$SOF_4 + H_2O \rightarrow SO_2F_2 + HF \qquad (10\text{-}3)$$

$$SOF_2 + H_2O \rightarrow SO_2 + HF \qquad (10\text{-}4)$$

火花放电中，大量发生式（10-1）~式（10-4）的反应，生成 SOF$_2$、SO$_2$F$_2$ 和 SO$_2$，与电弧放电相比，SO$_2$F$_2$/SOF$_2$ 比值有所增加，能够检测到 S$_2$F$_{10}$ 或 S$_2$OF$_{10}$ 组分。

电晕放电下的 SF$_6$ 气体反应与火花放电类似，主要生成 SOF$_2$ 和 SO$_2$F$_2$，SO$_2$F$_2$/SOF$_2$ 比值较前两种放电下的比值更高。

不同放电类型产生的 SF$_6$ 气体分解产物 SOF$_2$ 与 SO$_2$F$_2$ 生成量比较，见表 10-1。

表 10-1　不同放电类型产生的 SF$_6$ 气体分解产物 SOF$_2$ 与 SO$_2$F$_2$ 生成量比较

放电类型	放电时间和操作次数	SO$_2$F$_2$（μL/L）	SOF$_2$（μL/L）	SO$_2$F$_2$/SOF$_2$ 比值
电晕放电（10~15pC）	260h	15	35	0.43
火花放电	200 次	5	97	0.15
	400 次	21	146	0.14
断路器开断电弧放电	31.5kA，5 次	<50	3390	<0.01
	18.9kA，5 次	<50	1560	<0.03

2. 过热缺陷

试验研究表明，在 200℃ 左右时，SF$_6$ 气体性质活跃，甚至可以和绝缘材料在此温度下分解，相互发生反应，主要的固体绝缘材料有氧化铝、二氧化硅和环氧树脂的添加物等。

绝缘材料被加热后，可与 SF$_6$ 气体发生反应，主要有绝缘材料（CxYx）、聚四氟乙烯（PTFE，含有 CF$_2$）和石墨（C）等发生的化学反应，为

$$CxYx + SF_6 \rightarrow CF_4 + H_2S \qquad (10\text{-}5)$$

SF$_6$ 气体还与 Al$_2$O$_3$ 发生反应，即

$$2Al_2O_3 + 2SF_6 \rightarrow 4AlF_3 + 2SO_2 + O_2 \qquad (10\text{-}6)$$

SF$_6$ 气体与绝缘材料间的相互作用可用两个步骤进行描述：第一步绝缘材料被高温热解，裂解产物为甲烷、CO$_2$ 等；第二步涉及 SF$_6$ 气体及其分解产物间的气相反应，伴随着电弧熄灭过程中所产生的挥发性物质。这些分解产物与硅材料绝缘子反应，将氧氟化物转换为 HF。因绝缘材料能吸收水分，挥发性物质含有大量的水分与 SF$_4$ 反应生成 SOF$_2$，长期在绝缘子表面发生与水的反应，致使放电后几个小时内缓慢产生 SOF$_2$。

当 HF 分子遇到硅填充物，发生化学反应，SO$_2$ 含量增加伴随着 SOF$_2$ 信号的降低。同时，硫氧氟化物对 SF$_6$ 电气设备内部零部件会产生侵蚀破坏，尤其对含 Si、Al 物质的侵蚀较严重。全氟化碳中的 C 原子与 SF$_6$ 气体的 F 原子反应主要形成惰性全氟化碳化合物。

由此，在异常发热工况下，主要生成 SO$_2$、HF、H$_2$S、CF$_4$、SOF$_2$ 和 SO$_2$F$_2$ 等气体和固体分解产物。

第 2 节 SF$_6$ 气体分解物检测仪技术要求

1. 一般要求

（1）使用环境条件。检测仪的使用环境条件要求如下：

1）环境温度：$-10 \sim 50\,℃$；

2）相对湿度：$50\,℃$（$5\% \sim 90\%$）RH；

3）大气压力：$80\text{k} \sim 110\text{kPa}$；

4）特殊工作条件，由用户与供应商协商确定。

（2）工作电源。检测仪的工作电源要求如下：

1）直流电源：$5 \sim 36\text{V}$ 电池；

2）交流电源：220（$1\pm10\%$）V，频率 50（$1\pm5\%$）Hz。

2. 功能要求

（1）基本功能。

1）具有数据查询、存储和导出功能；

2）宜具备告警阈值设置和指示功能；

3）宜具有干扰抑制功能；

4）若使用充电电池供电，电池应便于更换，电池连续工作时间一般不少于 4h。

（2）专项功能。SF₆ 气体纯度带电检测仪满足的专项功能如下：

1）应具有以 SF₆、空气为主要组分的体积分数、质量分数的结果显示功能；

2）应具有开放式校准功能；

3）应具有流量调节功能，最大不超过 300mL/min；

4）应具有数据显示、存储、查询、输出功能；

5）检测仪若具有打印功能，不应使用热敏等不易保存方式。

3. 性能要求

（1）电化学法传感器检测法主要技术指标。

1）对 SO_2 和 H_2S 气体的检测量程应不低于 $100\mu L/L$，CO 气体的检测量程应不低于 $500\mu L/L$；

2）检测时所需气体流量应不大于 300mL/min，响应时间应不大于 60s；

3）最小检测量应不大于 $0.5\mu L/L$；

4）检测用气体管路应使用聚四氟乙烯管（或其他不吸附 SO_2 和 H_2S 气体的材料），壁厚不小于 1mm、内径为 2～4mm，管路内壁应光滑清洁；

5）气体管路连接用接头内垫宜用聚四氟乙烯垫片，接头应清洁，无焊剂和油脂等污染物。

（2）气体检测管检测法主要技术指标。

1）用气体采集装置或气体采样容器与采样器配套进行气体采样，采样容器应具有抗吸附能力；

2）检测气体管路应使用聚四氟乙烯管（或其他不吸附 SO_2 和 H_2S 气体的材料），壁厚不小于 1mm、内径为 2～4mm，管路内壁应光滑清洁；

3）气体管路连接用接头内垫宜用聚四氟乙烯垫片，接头应清洁，无焊剂和油脂等污染物。

（3）气相色谱检测法主要技术指标。

1）配置 TCD 检测器，由气路控制系统、进样系统、色谱柱、温度控制系统、检测器和工作站（数据分析系统）等构成；

2）氦气（He），体积分数不低于 99.999%；

3）使用具有国家标准物质证书的气体生产厂家生产的 CF_4 单一组分气体，平衡气体为 He，含量范围为 $50\mu\sim500\mu L/L$，附有组分含量检验合格证并在有效期内；

4）检测气体管路应使用聚四氟乙烯管，壁厚不小于 1mm、内径为 $2\sim4mm$，管路内壁应光滑清洁；

5）气体管路连接用接头内垫宜用聚四氟乙烯垫片，接头应清洁，无焊剂和油脂等污染物。

第3节　SF_6 气体分解物检测作业指导

1. 检测步骤

（1）仪器开机进行自检。

（2）用气体管路接口连接检测仪与设备，采用导入式取样方法测量 SF_6 气体分解产物的组分及其含量。检测用气体管路不宜超过 5m，保证接头匹配、密封性好。不得发生气体泄漏现象。

（3）检测仪气体出口应接试验尾气回收装置或气体收集袋，对测量尾气进行回收。若仪器本身带有回收功能，则启用其自带功能回收。

（4）根据检测仪操作说明书调节气体流量进行检测，根据取样气体管路的长度，先用设备中的气体充分吹扫取样管路的气体。检测过程中应保持检测流量的稳定，并随时注意观察设备气体压力，防止气体压力异常下降。

（5）根据检测仪操作说明书的要求判定检测结束时间，记录检测结果，重复检测两次。

（6）检测过程中，若检测到 SO_2 或 H_2S 气体含量大于 $10\mu L/L$ 时，应在本次检测结束后立即用 SF_6 新气对检测仪进行吹扫，至仪器示值为零。

（7）检测完毕后，关闭设备的取气阀门，恢复设备至检测前状态。

2. 设备放电缺陷的特征分解产物

SF_6 电气设备内部出现的局部放电，体现为悬浮电位（零件松动）放电、零件间放电、绝缘物表面放电等设备潜在缺陷，这种放电以仅造成导体间的绝缘局部短（路桥）接而不形成导电通道为限，主要因设备受潮、零件松动、表面尖端、制造工艺差和运输过程维护不当而造成的。开关设备发生气体间隙局部放电故障的能量较小，通常会使 SF₆ 气体分解，产生微量的 SO_2、HF 和 H_2S 等气体。

SF₆ 电气设备由于内部绝缘缺陷导致导电金属对地放电及气体中的导电颗粒杂质引起对地放电时，释放能量较大，表现为电晕、火花或电弧放电，故障区域的 SF₆ 气体、金属触头和固体绝缘材料分解产生大量的 SO_2、SOF_2、H_2S、HF、金属氮化物等。

在电弧作用下，SF₆ 气体的稳定性分解产物主要是 SOF_2，在火花放电中 SOF_2 也是主要分解物，但 SO_2F_2/SOF_2 比值有所增加，还可检测到 S_2F_{10} 和 S_2OF_{10}，分解产物含量的顺序为 $SOF_2>SOF_4>SiF_4>SO_2F_2>SO_2$；在电晕放电中，主要分解物仍是 SOF_2，但 SO_2F_2/SOF_2 比火花放电中的比值高。

3. 设备过热缺陷的特征分解产物

SF₆ 开关设备因导电杆连接的接触不良，使导电接触电阻增大，导致故障点温度过高。当温度超过 500℃，SF₆ 气体发生分解，温度达到 600℃时，金属导体开始熔化，并引起支撑绝缘子材料分解。试验表明，在高气压、温度高于 190℃下，固体绝缘材料会与 SF₆ 气体发生反应，当温度更高时绝缘材料甚至直接分解。此类故障主要生成 SO_2、HF、H_2S 和 SO_2F_2 等分解产物。

设备发生内部故障时，SF₆ 气体分解产物还有 CF_4、SF_4 和 SOF_2 等物质，由于设备一室中存在水分和氧气，这些物质会再次反应生成稳定的 SO_2 和 HF 等。大量的模拟试验表明，SF₆ 分解产物与材料加热温度、压强和时间紧密相关，随气体压力增加，SF₆ 气体分解的初始温度降低，若受热温度上升，气体分解产物的含量随之增加。

4. 设备缺陷的特征分解产物

SF₆ 开关设备由于内部绝缘缺陷导致导电金属对地放电及气体中的导电颗粒杂质引起对地放电时，释放能量较大，表现为电晕、火花或电弧放电。

故障区域的 SF₆ 气体、金属触头和固体绝缘材料分解，产生大量的金属氧化物、SO_2、SOF_2、H_2S、HF 等。开关设备发生气体间隙局部放电故障的能量较小，通常会使 SF₆ 气体分解产生微量的 SO_2、HF 和 H_2S 等组分。

因导电杆的连接接触不良，使导体接触电阻增大，导致故障点温度过高，当温度超过 $500℃$ 时，设备内的 SF_6 气体发生分解。温度达到 $600℃$ 时，金属导电杆开始熔化，并引起支撑绝缘子材料分解，此类故障主要生成 SO_2、HF、H_2S 和氟化硫酰等分解产物。

因此，在放电和热分解过程中及水分作用下，SF_6 气体分解产物主要为 SO_2、SOF_2、SO_2F_2 和 HF。当故障涉及固体绝缘材料时，还会产生 CF_4、H_2S、CO 和 CO_2。

第4节 典 型 案 例

案例 10-1   **GIS 电流互感器气室 SF₆ 气体分解物超标缺陷**

电压等级	220kV	设备类别	气体绝缘金属封闭开关
温度	30℃	湿度	50％
检测位置		检测情况	

检测位置	检测情况
GIS 母线刀闸气室	检测人员采用厦门加华 JH5000D-4 SF₆ 电气设备气体综合检测仪在对 500kV 某变电站 220kV 电压等级 6 号主变压器 4506 电流互感器 I 气室进行 SF₆ 气体分解物检测时，发现 6 号主变压器 4506 电流互感器 I 气室 SO₂ 含量为 0.6μL/L，H₂S 含量为 1.2μL/L，HF 含量为 0，CO 含量为 182.0μL/L，H₂S 含量超过 1μL/L，超过 Q/GDW 1168—2013《输变电设备状态检修试验规程》规定的 1μL/L
分析	6 号主变压器 4506 电流互感器投运后无补气记录，超声波局部放电检测、特高频局部放电检测均未见异常。 该气室湿度（20℃）达到 1339.7μL/L，严重超过标准值（≤500μL/L）。SO₂ 含量为 0.6μL/L，H₂S 含量为 1.2μL/L，HF 含量为 0，CO 含量为 182.0μL/L，H₂S 含量超过 1μL/L，初步判断如下：该气室水分严重超标，CO 含量较高，也有少量 SO₂ 和 H₂S，说明内部发生了电化学反应，内部存在过热故障，涉及电流互感器内部固体绝缘材料分解。另外，由于该设备已投运 5 年之久，投运后没有补气、大修记录，气室内部吸附剂可能出现的过饱和情况对试验数据也会有一定的影响，所以在分析时也应考虑其中
处理建议	SF₆ 高压电气设备中气体含有的微量水分可与 SF₆ 分解产物发生水解反应产生有害物质，水分含量较高时，设备内部还存在结露的可能性，影响绝缘性能，这些都将影响设备运行状态并危及运行、检修人员的安全。在停电检查、处理前，建议每月进行一次六氟化硫气体检测、红外测温以及特高频与超声波局部放电跟踪检测，进行综合分析，然后根据测试情况制定相应对策

案例 10-2　　　　　**断路器气室 SF₆ 气体分解物超标缺陷**

电压等级	500kV	设备类别	断路器
温度	25℃	湿度	50％
检测位置	检测情况		
GIS 母线刀闸气室	检测人员采用泰普联合 SF₆ 气体分解物检测仪在对 500kV 某变电站 500kV 电压等级 5023 断路器 A 相进行 SF₆ 气体分解物检测时，发现 5023 断路器 A 相气室 SO₂ 含量为 4.7μL/L，H₂S 含量为 0μL/L，CO 含量为 320.0μL/L，SO₂ 含量超过 1μL/L，超过 Q/GDW 1168—2013《输变电设备状态检修试验规程》规定的 1μL/L		
分析	5023 断路器 A 相投运后无补气记录，超声波局部放电检测、特高频局部放电检测均未见异常。 　　该气室 SO₂ 含量为 4.7μL/L，H₂S 含量为 0μL/L，CO 含量为 320.0μL/L，SO₂ 含量超过 1μL/L，CO 含量超过 100μL/L，初步判断如下：该气室 SO₂ 含量超标，CO 含量较高，说明内部发生了电化学反应，内部存在放电故障，由于该设备已投运 15 年之久，运行时间过长，分合闸次数过多综合因素都需考虑其中		
处理建议	SF₆ 高压电气设备中分解物 SO₂ 超标，CO 超标，证明设备内部有放电故障，建议立即停电检修，停电前加强设备监测		

案例 10-3　　　　　**断路器气室 SF₆ 气体分解物超标缺陷**

电压等级	66kV	设备类别	气体绝缘金属封闭开关
温度	25℃	湿度	50％
检测位置	检测情况		
GIS 母线刀闸气室	检测人员采用泰普联合 SF₆ 气体分解物检测仪在对 66kV 某变电站 66kV 电压等级母联刀闸气室进行 SF₆ 气体分解物检测时，发现母联刀闸气室 SO₂ 含量为 7.7μL/L，H₂S 含量为 0.2μL/L，CO 含量为 220.0μL/L，SO₂ 含量超过 1μL/L，并伴有 H₂S，SO₂ 超过 Q/GDW 1168—2013《输变电设备状态检修试验规程》规定的 1μL/L		
分析	刀闸气室超声波局部放电检测、特高频局部放电检测均未见异常。 　　该气室 SO₂ 含量为 7.7μL/L，H₂S 含量为 0.2μL/L，CO 含量为 220.0μL/L，SO₂ 含量超过 1μL/L，CO 含量超过 100μL/L，初步判断如下：该气室 SO₂ 含量超标，CO 含量较高，并含有 H₂S，说明内部发生了电化学反应，存在放电故障，运行时间过长，分合闸次数过多综合因素都需考虑其中		
处理建议	SF₆ 高压电气设备中分解物 SO₂ 超标，CO 超标，并含有 H₂S，证明设备内部有放电故障，建议立即停电检修，停电前加强设备监测		

第11章　SF₆气体泄漏红外成像检测技术

第1节　红外成像检漏技术原理

1. SF_6 气体泄漏原因

SF_6 气体的泄漏会对电力设备，尤其是含灭弧气室的高压断路器具有重要影响，一方面降低了断路器的绝缘性能，极端情况下会造成断路器的闭锁，影响整个电力系统的安全稳定运行；另一方面可能会导致内部水分含量的增加，在电弧作用下分解产生有毒气体，进一步腐蚀内部绝缘和导电部件，加剧电力设备的劣化，威胁设备的安全运行；同时，SF_6 气体的泄漏会对环境造成污染，增加温室效应，SF_6 气体温室效应是同比重 CO_2 影响的 23900 倍，随着电力设备应用的增多，其泄漏对环境的影响加剧，在"双碳"目标建设下，得到更广泛的关注。此外，SF_6 气体泄漏在密闭空间内可能会对工作人员造成窒息的危害，缺陷的处理会导致设备运维成本增加，耗用大量人力和物力。

据不完全统计，SF_6 气体泄漏在电力设备发生的所有故障（缺陷）中出现频率最高，约占比 24%。密度继电器、法兰螺栓、盆式绝缘子、阀门及管路、本体等是目前发生气体泄漏的普遍部位，其中盆式绝缘子法兰密封圈是气体泄漏的薄弱部位，也是现场较难处理的缺陷部位。漏气的可能原因包括：

（1）法兰螺栓松动、紧固不严。

（2）O 型密封圈老化或在安装过程中受损伤造成设备密封效果变差。

（3）密封槽光洁度不够，导致 O 型密封圈运行过程中受到外界侵蚀，密封不良漏气。

（4）盆式绝缘子安装受力不均或质量缺陷导致的裂纹。

（5）防腐胶未凝固而析出，未起到防水作用，从而导致密封不严在法兰处渗水产生氧化物，造成 O 型密封圈腐蚀变形，产生漏气。

（6）密封圈低温性能差，低温下密封失效漏气。

（7）连接管路对接面法兰螺栓禁锢不到位、密封圈老化。

（8）设备壳体和连接管路有沙眼、焊接裂纹。

（9）密度继电器连接螺栓、本体泄漏。

电气设备气体泄漏各类型中，盆式绝缘子密封缺陷包括密封圈失效、防腐硅脂填充不到位等所占电气设备漏气缺陷比重过半，是造成气体泄漏的主要原因，现场处理时需回收气体、解体检修，工作量和处理难度均较大。因此，需找准原因，避免该类缺陷的发生。其余部位如密度继电器、连接管路等部位一般是由于紧固不到位引起的泄漏，现场较易处理，但应同等重视，重点预防。

2. 红外成像法检漏技术原理

气体分子由原子和电子组成，在化学键作用下内部产生复杂的运动，主要包括振动和转动。当分子受到各频率的红外光照射时，分子会吸收特定频率的光，将光子能量转换为振动能量和转动能量，进而使原子能级由基态转变为激发态，产生能级跃迁，宏观表现为特定频率的光谱被吸收，光强减弱。记录红外光大百分数透射比与波数或波长关系的曲线，称为红外光谱。

根据上述能级跃迁理论，不同的气体分子对入射光具有不同的选择吸收性，而 SF₆ 气体对波段为 $10\sim11\mu m$ 的红外光谱具有很强大吸收作用，红外成像检漏法是利用 SF₆ 气体对红外光谱的强吸收性，对空气吸收较弱，尤其是在 $10\sim11\mu m$ 波段，SF₆ 气体光谱透过率较低，使得 SF₆ 气体与周围空气的温度具有微小差别，在先进的红外探测器处理下表现为烟尘状图像，且浓度越高温差越大，图像越明显，如图 11-1 所示，为 SF₆ 气体红外成像检漏技术工作原理，其中，图 11-1（a）为 SF₆ 气体的红外吸收波段，图 11-1（b）为红外成像检漏仪工作原理，图 11-2 为光谱图，在 $10\sim11\mu m$ 波段，SF₆ 气体光谱透过率较低，可有效实现 SF₆ 气体的分辨。

3. SF₆ 气体检漏方法对比

目前，SF₆ 气体检漏方法可分为定量检漏和定性检漏，前者主要用于设备制造、安装和验收过程，包括局部包扎法、扣罩法、压力降法等；后者主要用于日常巡检维护，常用的方法包括肥皂泡法、定性检漏仪检测法、激光成像检漏法等。随着状态检修的开展，带电作业成为开展工作的必要条件，而局部包扎法、扣罩法、肥皂泡法等需在停电状态下进行，不能满足状态检修的要求，论文针对日常巡检维护工作，重点介绍以下几种可应用于状态检修中的检漏方法及其优缺点。

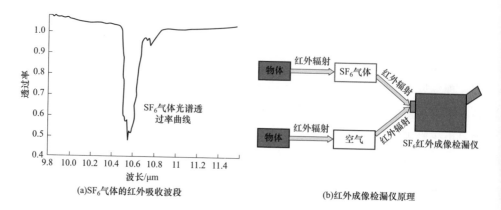

图 11-1　SF₆ 气体红外成像检漏技术工作原理

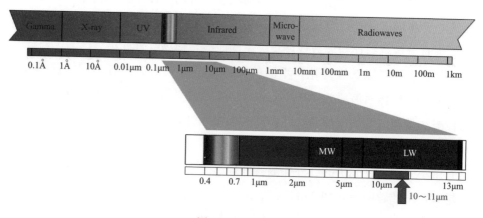

图 11-2　光谱图

（1）压力降法。适合于漏气量较大设备的检漏，既可以是安装和验收使用，也可以用于监测运行设备的漏气情况。其原理是通过读取密度继电器压力值来测量两段时间间隔的压力差，根据公式

$$F_y = \frac{\Delta\rho}{\rho_1} \times \frac{t}{\Delta t} \times 100\%$$ （11-1）

计算设备的漏气率。其中 $\Delta\rho = \rho_1 - \rho_2$，为气体密度差值，$\Delta t$ 为两次测量的时间差，t 为以年计算的时间，F_y 为年漏气率。

根据原理可知该方法虽然可知具体的泄漏率，但一般应用于漏气比较明显

的设备，且检测周期偏长、不能确定具体漏气点，对状态检修的指导性较差。

（2）定性检漏仪法。原理是采用"卤素效应"探测 SF₆ 气体的泄漏，仪器可分为内探头式和外探头式，一般具有较高灵敏度。使用时将该仪器靠近并沿被测设备移动，检测到 SF₆ 气体时会根据泄漏量的大小发生报警、灯光或数值等定性指示。

该方法使用过程中易受外界风力影响，造成泄漏范围定位不准确或无法定位，并且不能找到精确的泄漏点，此外，由于使用时需靠近被测设备，带电作业时无法测量接近带电体的设备或部位，在状态检修的应用中作用有限。

（3）激光成像检漏法。对比前两种方法，该方法是 SF₆ 检漏技术的一个重大突破，不仅实现了泄漏点的精确定位，而且缩短了检测所需时间，提高检漏效率。

其原理如图 11-3 所示，由于 SF₆ 分子对红外光谱有较强的吸收特性，检测仪器通过发出红外激光对被测物体进行扫描，接收反射回来的红外光能量，并通过可视化界面判断是否有 SF₆ 气体泄漏，当被检区域存在气体泄漏时，接收到的红外光能量会明显减弱，表现为黑色烟云图像，从而对泄漏点进行精确定位。

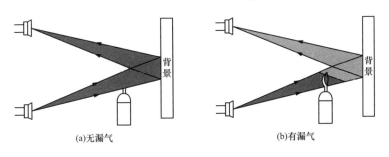

图 11-3　SF₆ 气体激光成像检漏法工作原理

激光成像检漏法虽然具有上述多个优点，但在应用过程中需要建立反射背景，该反射背景会对激光影像的清晰度带来影响，再加上仪器本身比较笨重、灵敏度低，使用灵活性较差，并且存在检测死区，检出率偏低。

相对于上述几种 SF₆ 气体检漏方法，红外成像检漏法具有带电检测、远距离、安全以及灵敏度高、使用轻便等优点，其温度分辨率不大于 0.035℃，在使用过程中方便可靠，是目前 SF₆ 气体检漏的最主要方法。

第2节　红外检漏仪技术要求

1. 红外检漏仪工作原理

红外成像检漏仪根据检测原理可分为红外热成像技术和红外光谱成像技术两种。目前市场上热成像检测技术主要采用制冷型焦平面探测器，与红外热像仪相比，增加窄带滤光片，在镜头与焦平面探测器之间加入涵盖 $10 \sim 11 \mu m$ 波段滤光片，从而实现窄波段的成像检测，同时采用软件算法补偿窄带红外辐射能量小的不足，并置于制冷器中，减小探测器及滤光片的热辐射对成像的影响，具有检测灵敏度高、成像清晰等特点，与此同时，由于制冷器的应用，使得仪器存在质量大、不方便携带、制冷时间长等不足，但仍为目前最为主流和有效的检测方式。

红外光谱成像技术是对 SF_6 气体分子光谱吸收特性及检测视场内红外辐射信号进行光谱滤波处理，然后通过红外图像算法提取补偿气体及背景图像，从而实现气体的图像识别。现有仪器一方面是基于光的干涉原理，对调制的光谱信号进行傅里叶变换和反变换等处理，重构被检测气体光谱和空间域信息。另一方面，基于光的衍射原理，通过光谱选择采集某特定的光谱波段信息，可节约检测时间，利于实时成像。

红外成像检漏仪工作原理与红外热像仪类似如图 11-4 所示，SF_6 气体泄漏时会对特定频段的红外光谱进行吸收，由红外热像仪光学系统接收并聚焦在滤波片和红外探测器上，滤波片的存在使得探测器接收到的红外辐射功率降低，通过硬件提升和算法补偿背景信号及气体特征，探测器将目标的红外辐射信号功率经过转换成便于直接处理的电信号，经过放大器信号放大并采用图像处理，以二维热图像的形式显示被测气体呈现黑色烟雾状特征，由此实现 SF_6 气体泄漏的识别和定位。

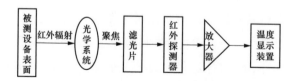

图 11-4　红外热像检漏仪工作原理

2. 红外检漏仪功能要求

（1）基本功能要求。

1）具有数据查询、存储和导出功能；

2）宜具备告警阈值设置和指示功能；

3）宜具有干扰抑制功能；

4）若使用充电电池供电，电池应便于更换，单次连续工作时间一般不少于 4h。

（2）扩展功能要求。

1）具备可见光图像显示功能；

2）具备成像实时对比度、明亮度可调功能；

3）泄漏点定位；

4）视频、图像的存储和导入导出；

5）具备自动/手动数码 1～4 倍连续变焦功能，不低于 300 万像素，自动对焦，内置目标照明灯、全彩色、红外可见光可切换；

6）具备红外热像功能，能设置数个可移动点、区域，在区域内能设置最高温、最低温，等温线，温差，具有声音报警和颜色报警，同时自动跟踪最高/最低温度点。

3. 红外检漏仪技术条件

（1）探测器。探测器是仪器的核心部件，现有红外成像检漏仪均配置为焦平面、制冷型量子阱探测器（QWIP），是感知外部红外辐射信息并将之转变为电信号的重要单元，随着技术发展，探测元尺寸减小、数量增多，画面清晰度及分辨率不断升高，有助于 SF₆ 气体泄漏的精准识别。

（2）探测距离。在一定的温度、湿度和背景并满足检出限的条件下，从镜头前端算起到被测试目标，两者间的最远和最近距离。最近探测距离应大于 50cm，最远探测距离应不小于 20m。

（3）视场角。视场角也称为视场，是表示系统主平面与光轴交点到被测物体之间的最大夹角，视场角越大则红外热像仪测量范围越大。采用标准镜头，视场宜选取 15°×11°（±2°）；可选配标准镜头、X 倍的中、长焦或广角镜头，X 一般取 2～3。

（4）热灵敏度（$NETD$）。也称噪声等效温差，是表示仪器检测温度灵敏度的重要指标，测量过程是将均方根噪声电压产生信噪比为 1 的信号。该值越小则表明仪器检测灵敏度越高，成像画面及精度越高。环境温度为 $23\pm5℃$ 时，热灵敏度 $<50mK$。

调节标准温差黑体的温差设置（$\Delta T=2K$），目标图像占全视场 1/10 以上，分别测量信号及噪声电压，按式（11-2）计算：

$$NETD = \frac{\Delta T}{S/N} \tag{11-2}$$

式中：ΔT 为设定温差，K；S 为信号电平，V；N 为均方根噪声电平，V。

（5）检出限。采用标准泄漏源，其流量控制为 0.06mL/min，被试仪器距离标准泄漏源 d 为 3m（±0.1m），如图 11-5 所示，启动仪器，调节焦距并可清晰成像，录制 1min 左右录像，然后调出保存录像，录像中 SF_6 气体发散应清晰可见。要求不大于 $1\times10^{-6}L/s$。

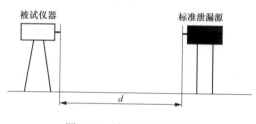

图 11-5　检出限检测原理

（6）发射率校正。发射率对物体表面发热功率有直接影响，表征了物体表面辐射能力的强弱。标准要求红外成像检漏仪辐射率需在 0.01～1.0 范围可调（0.01 步长）。

（7）响应时间。将标准泄漏源泄漏量或等效泄漏量设定在 0.20mL/min，在距离泄漏源 5m 处对泄漏部位进行测试，试仪器泄漏图像稳定后，将仪器的镜头远离泄漏部位，待泄漏图像消失后，再将镜头对准泄漏部位进测试，同时启动秒表，待图像稳定后止住秒表，此起止时间间隔应不超过 10s。

（8）连续稳定工作时间。在满足检出限的要求下，每间隔 1h 将 SF_6 泄漏源放回至仪器 3m（±0.1m）处，重新调节焦距并可清晰成像，持续录像 1min，连续工作 4h，然后调出保存录像，所有录像中 SF_6 气体发散应清晰可见。

第 3 节　红外成像检漏作业指导

1. 检测环境要求

（1）环境要求。

1）室外检测宜在晴朗天气下进行。

2）相对湿度不宜大于 80%。

（2）人员要求。

1）熟悉红外成像检漏技术的基本原理和诊断程序，了解红外成像检漏仪的工作原理、技术参数和性能，掌握红外成像检漏仪的操作程序和使用方法。

2）了解被检测设备的结构特点、工作原理、运行情况和导致设备故障的基本因素。

3）具有一定的现场工作经验，熟悉并能严格遵守电力生产和工作现场的有关安全管理规定，掌握 SF₆ 气体安全防护技能。

4）经过上岗培训并考试合格。

（3）安全要求。

1）应严格执行《国家电网公司电力安全工作规程（变电部分）》的相关要求。

2）检测工作不得少于两人。负责人应由有经验的人员担任，开始检测前，负责人应向全体检测人员详细布置检测中的安全注意事项，交代带电部位，以及其他安全注意事项。

3）进入室内开展现场检测前，应先通风 15min，检查氧气和 SF₆ 气体含量合格后方可进入，检测过程中应始终保持通风。

4）检测时应与设备带电部位保持足够的安全距离。

5）在进行检测时，要防止误碰误动设备。

6）行走中注意脚下，防止踩踏设备管道。

7）检测时避免阳光直接照射或反射进入仪器镜头。

2. 拍摄要求

（1）随着 SF₆ 气体在电力设备的广泛应用，变电站中气室随之增多，单纯的普测没有针对性、工作效率低，结合各气室密度继电器压力值的变化及补气周期，针对性地进行重点检测，有助于提高效率和检出率。

（2）对于瓷柱式SF_6气体设备，检测顺序可以按照泄漏的可能性由高到低依次为密度继电器、阀门及管路接头、法兰螺栓孔以及本体进行，加强易泄漏部位的检测。

（3）对于罐式断路器和GIS，可按照密度继电器、法兰螺栓、盆式绝缘子、阀门及管路、本体、转角及底座、其他狭小部位顺序进行，当发现疑似泄漏点时应站在不同角度进行复测，确定泄漏点的精确位置，为状态检修提供依据。

（4）由于外界环境包括风速、环境温度及设备与背景温差等对红外成像检漏有一定影响，室外检漏时，宜选择无风的晴天、以天空为背景，能更清晰地显示SF_6气体泄漏图像，利于检出。

3. 重点检测部位

（1）法兰密封面。法兰密封面是发生泄漏较高的部位，一般是由密封圈的缺陷造成的，也有少量的刚投运设备是由于安装工艺问题导致的泄漏。查找这类泄漏时应该围绕法兰一圈，检测到各个方位。

（2）密度继电器表座密封处。由于工艺或是密封老化引起，检查表座密封部位。

（3）罐体预留孔的封堵。预留孔的封堵也是SF_6泄漏率较高的部位，一般是由于安装工艺造成的。

（4）充气口。为可活动的部位，可能会由于活动造成密封缺陷。

（5）SF_6管路。重点排查管路的焊接处、密封处、管路与开关本体的连接部位。有些三相连通的开关，SF_6管路可能会有盖板遮挡，这些部位需要打开盖板进行检测。包括机构箱内有SF_6管路时，需要打开柜门才能对内部进行检测。

（6）设备本体砂眼。一般来说砂眼导致泄漏的情况较少，当排除了上述一些部位的时候，也应当考虑存在砂眼的情况。

第4节 典 型 案 例

案例 11-1　　　　瓷柱式断路器管路接头及充气接孔

电压等级	220kV	设备类别	断路器
温度	14℃	湿度	46%

续表

检测位置	红外成像图谱/可见光照片
断路器管路接头 及充气接孔	 
分析	某 220kV 变电站 220kV 母联 A 相瓷柱式断路器充气管路与灭弧室本体连接处漏气，图中红色方框内为漏气点。漏气的可能原因分为以下 3 方面：①密封面螺栓紧固力度不够；②连接处密封圈老化或腐蚀导致密封效果不良；③管路连接面有杂质或不平整造成的密封不良
处理建议	紧固连接处螺栓，进行复测，如仍存在漏气则需停电、拆解，对密封圈进行更换，并对连接面进行检查，排除杂质和不平整的可能。整个拆装过程需严格按照施工工艺的要求，避免人为因素的干扰造成人力、物力的损耗

案例 11-2　　　　　　　　　　罐式断路器法兰螺栓

电压等级	500kV	设备类别	断路器
温度	-12℃	湿度	38%

检测位置	红外成像图谱/可见光照片
断路器法兰螺栓	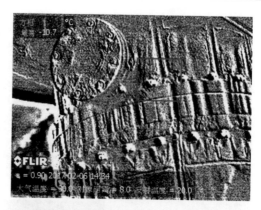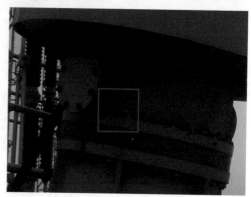

分析	某 500kV 变电站 500kV 侧，某间隔 B 相罐式断路器机构侧电流互感器下方盆式绝缘子上法兰螺帽漏气。导致漏气的可能原因包括：①法兰螺栓松动、紧固不严；②O 型密封圈老化或在安装过程中受损伤，造成设备密封效果变差；③密封槽光洁度不够，导致 O 型密封圈运行过程中受到外界侵蚀，密封不良漏气
处理建议	现场确认是否由于法兰螺栓松动、紧固不严引起的泄漏，排除该因素后需要加强监测，制定消缺方案，进行停电检修。由于 O 型密封圈的损伤或腐蚀导致的密封不良随着时间的推移产生其他绝缘问题，因此，需及时处理，更换 O 型密封圈，并打磨密封槽，使其光洁度满足要求

案例 11-3　　　　　　　　**罐式断路器盆式绝缘子浇注孔**

电压等级	500kV	设备类别	断路器
温度	−9℃	湿度	36%

检测位置	红外成像图谱/可见光照片
断路器盆式 绝缘子浇注孔	 
分析	某 500kV 变电站 500kV 侧某间隔 C 相罐式断路器非机构侧电流互感器下方盆式绝缘子浇注孔漏气。分析漏气的主要原因是：①防腐胶材质不佳或注胶不到位；②防腐胶未凝固而析出，未起到防水作用，从而导致密封不严，在法兰处渗水产生氧化物，造成 O 型密封圈腐蚀变形，产生漏气
处理建议	由于防腐胶密封不严导致的盆式绝缘子进水腐蚀会对设备的安全运行造成影响，长时间运行会对盆式绝缘子表面、法兰密封面、O 型密封圈造成腐蚀，使得漏气加剧，甚至导致气室内部水分含量增多，产生绝缘事故。现场处理时需解体，将之前残留的防腐胶清理干净，重新进行检查注胶处理，并在对接面涂抹防水胶

案例 11-4　　　　　　　　　　**GIS 盆式绝缘子裂纹**

电压等级	500kV	设备类别	GIS
温度	—6℃	湿度	39%

检测位置	红外成像图谱/可见光照片
GIS 盆式 绝缘子裂纹	 

分析	某 500kV 变电站 500kV 侧 GIS 某间隔 A 相接地开关盆式绝缘子产生裂纹导致气体泄漏,通过红外检漏和肥皂泡法均可清晰看到气体泄漏,同时,可见光下清晰看到裂纹贯穿整个盆式绝缘子,漏气的主要原因是:①盆式绝缘子质量问题,生产制造工艺不良引起绝缘子开裂产生缝隙;②安装工艺不良,安装过程中存在受力不均匀情况,或单侧螺栓紧固力度过大引起绝缘子受力不均而产生裂缝
处理建议	盆式绝缘子裂纹是绝缘缺陷之一,需对该盆式绝缘子进行更换,并对裂纹产生原因进行详细分析,一方面对其他同型号、同批次盆子进行巡视、检漏,查看有无类似缺陷;另一方面应加强巡视巡检,及时发现隐患,并把好入网检测关,确保零部件的可靠运行

案例 11-5　　　　　　　　**GIS 盆式绝缘子法兰螺栓**

电压等级	220kV	设备类别	GIS
温度	18℃	湿度	43%

检测位置	红外成像图谱/可见光照片
GIS 盆式绝缘子 法兰螺栓	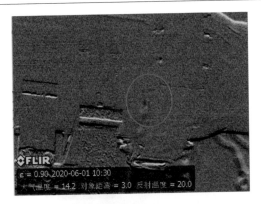 
分析	某 220kV 变电站 220kV GIS 隔离开关气室盆式绝缘子法兰螺栓连接处气体泄漏，原因与罐式断路器法兰螺栓泄漏相似，主要包括：①法兰螺栓松动、紧固不严；②O 型密封圈老化或在安装过程中受损伤造成设备密封效果变差；③盆式绝缘子密封面存在杂质、平整度不够，或表面较粗糙不能满足设计要求
处理建议	建议安装过程中保证盆式绝缘子密封槽、注脂槽、O 型密封圈表面无损伤、无颗粒物，并且防止密封面的碰伤、划伤，O 型密封圈对盆式绝缘子密封效果具有直接影响，应选择回弹性高、耐老化、耐防腐硅脂的三元乙丙橡胶能较好适用电气设备的密封，并且对低温环境也有一定的适应性

案例 11-6　　　　　GIS 内置式传感器安装接口

电压等级	500kV	设备类别	GIS
温度	−14℃	湿度	37%

检测位置	红外成像图谱/可见光照片
GIS 内置式传感器安装接口	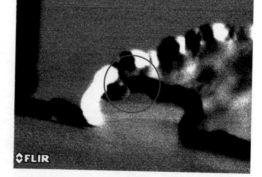

分析	某 500kV 变电站 500kV 一串联络 5012 断路器 B 相顶部内置式特高频局部放电传感器安装处漏气，由红外图像看到气体泄漏量较大，威胁设备内部绝缘，泄漏原因主要为：传感器安装处密封胶失效或因安装时浇筑不到位，导致雨水长期浸泡腐蚀密封部位，同时考虑气候的变化，内部积水在气温的变化下，反复结冰、融化，进一步加剧传感器安装部位的密封性，导致气体的严重泄漏
处理建议	建议及时停电处理缺陷，对该密封端盖进行整体维护，同时加强其余间隔同部位运行状态，设备运维单位加强对生产厂家加工工艺及制造质量的出厂监造，特别是内置传感器等部件质量严格把关，避免因配件不合格造成整个设备的性能下降

案例 11-7　　　　　GIS 接地开关接地连接片

电压等级	220kV	设备类别	GIS
温度	8℃	湿度	41%

检测位置	红外成像图谱/可见光照片
断路器法兰螺栓	
分析	某 500kV 变电站 220kV GIS 1 号主变压器间隔接地开关 C 相接地连接片连通气室漏气，原因为：①螺栓紧固不良或紧固过程中产生损伤导致漏气；②内部绝缘子产生裂纹漏气
处理建议	建议及时停电处理缺陷，联系厂家对接地开关连接片连通部位紧固结构进行改进，确保在运行中不会出现松动，提升绝缘子质量，避免造成漏气的缺陷。SF$_6$ 气体对密封环节的要求非常高，密封件质量的优劣以及密封安装工艺对气室是否存在漏点有着直接的影响，通过多项措施确保 GIS 设备气室密封性良好，保证设备的良好运行状态

案例 11-8   **GIS 在线监测装置连接螺栓**

电压等级	500kV	设备类别	GIS
温度	8℃	湿度	51%

检测位置	红外成像图谱/可见光照片
GIS 在线监测 装置连接螺栓	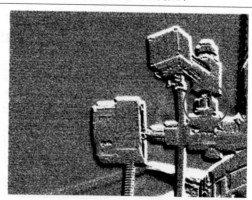 
分析	某 500kV 变电站 500kV 某出线电压互感器气室 C 相在线监测装置连接螺栓漏气，原因为：①螺栓紧固不到位，不能有效起到密封作用；②螺栓连接部位密封不严造成，连接面对接部位密封垫质量不符合要求，或密封垫老化导致未能与对接面完全贴合
处理建议	建议及时对泄漏部位的密封圈、垫进行更换，对螺栓进行紧固，跟踪监测处理后的设备运行状态，同时加强对在线监测装置等部件质量严格把关，尤其易出现问题的螺栓连接部位，避免因配件不合格造成整个设备的性能下降

案例 11-9　　　　GIS 接地开关传动机构密封不良

电压等级	220kV	设备类别	GIS
温度	28℃	湿度	46%

检测位置	红外成像图谱/可见光照片
GIS 传动机构 密封不良	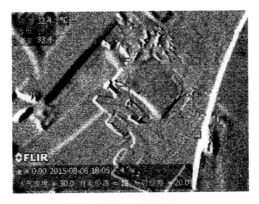 
分析	某 500kV 变电站 220kV 3 号主变压器压器 2203 组合电器 2203 接地开关 A 相气室传动机构存在气体泄漏，位置明确清晰，主要原因为传动轴与设备连接部位密封胶垫老化或腐蚀导致的密封不良
处理建议	建议应尽快对安排停电对漏点进行处理，重新进行 SF₆ 气体泄漏检测，并在检漏及相关试验合格后方可投入运行。GIS 设备现场安装与检修应该严格执行相关工艺要求，通过多项措施确保 GIS 设备气室密封性良好，保证设备的良好运行状态

案例 11-10 　　　　　　　　　　**GIS 壳体砂眼**

电压等级	220kV	设备类别	GIS
温度	24℃	湿度	46%

续表

检测位置	红外成像图谱/可见光照片
GIS 壳体砂眼	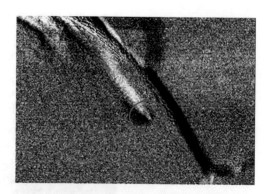

分析	某 500kV 变电站 220kV GIS 甲母线电压互感器 B 相气室壳体砂眼存在气体泄漏，原因为产品质量问题，壳体制造工艺不良
处理建议	建议应尽快对漏点进行修补，目前砂眼的处理方式较多，较好的一种方式是带电封堵，首先对沙眼壳体表面进行打磨露出金属基材，除去表面脏污和粉尘，采用密封胶对泄漏部位进行封堵，并列入运行单位日常巡视的重点监测点，按每天一次的频率上报压力表读数，以观察变化趋势、检查消缺效果，直至不再泄漏

案例 11-11　　　　　　　　**GIS 三相连通外接管路**

电压等级	220kV	设备类别	GIS
温度	26℃	湿度	49%

续表

检测位置	红外成像图谱/可见光照片
GIS 三相连通 外接管路	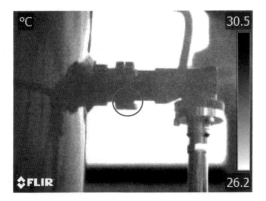 
分析	某 500kV 变电站 2 号主变压器 220kV 电压互感器气室 C 相外接管道与罐体连接处法兰气体泄漏，漏气可能原因是：①密封圈老化或受到外力干扰变形，影响接口处密封性能，造成漏气；②金属连接软管自身制造留有缺陷，存在软管金属头内部焊接不良或密封口配合误差的问题
处理建议	建议将该处缺陷列入停电检修计划，并列入运行单位日常巡视的重点监测点，对该密封缺陷进行处置，观察变化趋势、检查消缺效果。在设备的安装检修验收工作中，应严格执行设备现场安装工艺符合相关规程要求和设备验收的严谨性，降低 GIS 设备出现密封不良问题的概率，提高设备的安全性能

案例 11-12　　　　　　　　　**GIS 密度继电器三通阀螺栓**

电压等级	220kV	设备类别	GIS
温度	18℃	湿度	52%

检测位置	红外成像图谱/可见光照片
GIS 密度继电器 三通阀螺栓	 
分析	某 220kV 变电站 220kV Ⅰ 段母线隔离开关气室密度继电器表头螺纹与三通螺母连接部位存在气体泄漏，位置明确清晰，并经肥皂气泡法泄漏检测验证，在泄漏点处涂抹肥皂水，有明显气泡产生。原因主要为螺栓尺寸不匹配、螺栓端部密封胶垫老化、破损等导致密封失效
处理建议	建议尽快对安排停电处理，由于漏气性质较严重，应及时制定现场检修方案消除缺陷，避免多次补气给设备运行带来安全风险和人力、物力成本损耗。运行中，要加强带电检测工作，做好 SF$_6$ 气室压力巡查及记录工作，定期进行分析对比，提前发现气室漏气缺陷

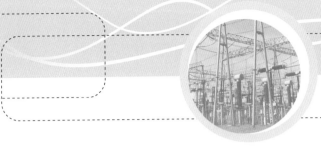

第12章　相对介损及电容量比值检测技术

第1节　相对介损及电容量比值检测技术原理

电容型设备通常是指采用电容屏绝缘结构的设备，例如，电容型电流互感器、电容式电压互感器、耦合电容器、电容型套管等，其数量约占变电站电气设备的 40%～50%。这些设备均是通过电容分布强制均压的，其绝缘利用系数较高。电介质在电压作用下，由于电导和极化将发生能量损耗，统称为介质损耗。对于良好的绝缘而言，介质损耗是非常微小的，然而当绝缘出现缺陷时，介质损耗会明显增大，通常会使绝缘介质温度升高，绝缘性能劣化，甚至导致绝缘击穿，失去绝缘作用。在交流电压作用下，流过介质的电流 I 由电容电流分量 I_c 和电阻电流分量 I_R 两部分组成，I_R 就是因介质损耗而产生的，I_R 使流过介质的电流偏离电容性电流的角度 δ 称为介质损耗角，其正切值 $\tan\delta$ 反映了绝缘介质损耗的大小，并且 $\tan\delta$ 仅取决于绝缘特性而与材料尺寸无关，可以较好地反映电气设备的绝缘状况。此外通过介质电容量 C 特征参数也能反映设备的绝缘状况，通过测量这两个特征量以掌握设备的绝缘状况，参见图 12-1。

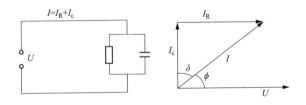

图 12-1　相对介损及电容量比值检测原理

电容型设备由于结构上的相似性，实际运行时可能发生的故障类型也有很多共同点，包括以下几种缺陷类型：①绝缘缺陷（严重时可能爆炸），包括设计不周全，局部放电过早发生；②绝缘受潮，包括顶部等密封不严或开裂，受潮后绝缘性能下降；③外绝缘放电，爬距不够或者脏污情况下，可能出现沿面放电；④金属异物放电，制造或者维修时残留的导电遗物所引起。对于上述的几种缺陷类型，绝缘受潮缺陷约占电容型设备缺陷的 85%，一旦绝缘受潮往往会引起绝缘介质损耗增加，导致击穿。对于电容型绝缘的设备，通过对其介电特性的监测，可以发现尚处于早期阶段的绝缘缺陷，介质损耗因数是设备绝缘的局部缺陷中，由介质损耗引起的有功电流分量和设备总电容电流之比，它对发现设备绝缘的整体劣化较为灵敏，如包括设备大部分体积的绝缘受潮，而对局部缺陷则不易发现。测量绝缘的电容，除了能给出有关可能引起极化过程改变的介质结构的信息（如均匀受潮或者严重缺油）外，还能发现严重的局部缺陷（如绝缘击穿），但灵敏程度也同绝缘损坏部分与完好部分体积之比有关。

检测法原理分类：硬件法、过零点时差法、过零点电压比较法、软件法、正弦波参数法、高阶正弦拟合法、相关函数法、谐波分析法等。

硬件法易受到谐波干扰、零漂等因素的影响，对信号进行预处理以满足测量条件，会增加硬件处理环节而带来设计、累计误差等问题；高阶正弦拟合法由于其自身固有的特点，导致计算量过大不适合于在线监测系统相关分析法可满足计算精度，又可以简化硬件的设计，计算量也适中，但需经滤波消噪环节进行信号处理；正弦波参数法要求整周期采样，并且无法克服电网谐波和噪声带来的影响谐波分析法虽也要求整周期采样，但可以避免因电网高次谐波对信号的影响而造成的误差，由于该算法的这种特点，使其能够满足实际系统的要求。

传感器分别测量流经两个试品的信号，将获得的模拟信号转化为数字信号，用数字频谱分析求出两个信号的基波，通过基波相位比较求出介质损耗因数。计算公式为

$$u(t) = U_0 + \sum_{k=1}^{\infty} U_k \sin(k\omega t + \varphi_{uk}) \quad X_R(k) = \sum x(n)\cos\frac{2\pi kn}{N}$$

$$i(t) = I_0 + \sum_{k=1}^{\infty} I_k \sin(k\omega t + \varphi_{tk}) \quad X_1(k) = \sum x(n)\sin\frac{-2\pi kn}{N}$$

$$\varphi_{uk} = \arctan\frac{X_1(k)}{X_R(k)}$$

第2节　相对介损及电容量比值检测仪技术要求

1. 带电检测仪器的构成及工作原理

（1）仪器组成。电容型设备介质损耗因数和电容量带电测试系统一般由取

样单元、测试引线和主机等部分组成。取样单元用于获取电容型设备的电流信号或者电压信号；测试引线用于将取样单元获得的信号引入到主机；主机负责数据采集、处理和分析，如图 12-2 所示。

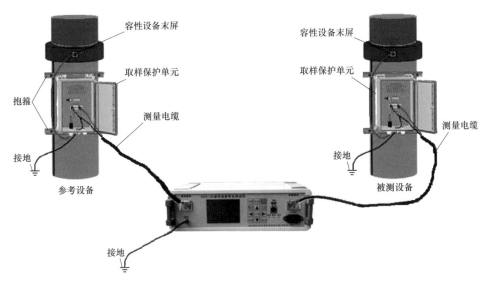

图 12-2　介损仪检测仪器接线原理

（2）工作原理。如图 12-3 所示，被测电流信号 I_x 和 I_n 在经过高精度穿心式电流传感器后，变换为电压信号，然后通过自适应程控放大器对其幅度大小进行调理，并经过多级低通滤波器消除高次谐波分量，最终经高精度模数转换器（AD）对这两路信号进行数字化处理，通过全数字化的谐波分析法求取基波信号的幅值和相位，从而计算出相对介质损耗因数和电容量比值等参量。

2. 基本功能及性能指标

（1）基本功能：在不影响电容型设备正常运行的条件下，能够带电检测设备的介质损耗因数和电容量比值。取样单元串接在电容型设备接地线上，应具备必要的保护措施（如二极管和放电间隙），以防止意外（如测量引线断开）导致设备末屏开路，并能够承受过电压的冲击。取样单元盒上应标有明确的接线操作方法。提供绝对测量法和相对测量法两种测量模式，现场使用操作灵活、方便；主机内置大功率蓄电池，充满电后至少能够连续工作 6h 以上；主机具有测试数据存储、查询和分析的功能。

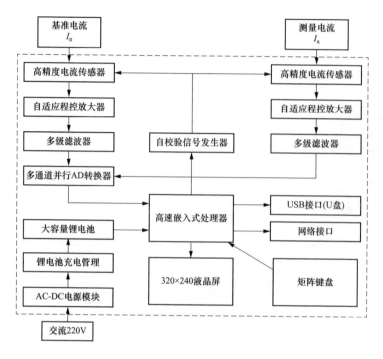

图 12-3　介损仪工作原理

（2）环境适应能力：环境温度：－10～＋55℃；环境相对湿度：0％～85％；大气压力：80k～110kPa。性能指标如表 12-1 所示。

表 12-1　　　　　　　　　　　　　性能指标

检测参数	测量范围	测量误差要求
电流信号	1m～1000mA	±（标准读数×0.5％＋0.1mA）
电压信号	3～300V	±（标准读数×0.5％＋0.1V）
介质损耗因数	－1～1	±（标准读数绝对值×0.5％＋0.001）
电容量	100p～50000pF	±（标准读数×0.5％＋1pF）

第 3 节　相对介损及电容量比值检测作业指导

1. 人员要求

熟悉电容型设备介质损耗因数和电容量检测的基本原理、诊断程序和缺陷定性的方法，了解电容型设备带电检测仪的工作原理、技术参数和性能，掌握带电检测仪的操作程序和使用方法；了解各类电容型设备的结构特点、工作原理、运行状况和设备故障分析的基本知识；熟悉本标准，接受过电容型设备介质损耗因数和电容量带电测试的培训，并经相关机构培训合格；具有一定的现场工作经验，熟悉并能严格遵守电力生产和工作现场的相关安全管理规定。

2. 安全要求

应严格执行《国家电网公司电力安全工作规程（变电部分）》的相关要求；带电检测过程中，按照安规要求应与带电设备保持足够的安全距离。

应有专人监护，监护人在检测期间应始终行使监护职责，不得擅离岗位或兼职其他工作。防止设备末屏开路。取样单元引线连接牢固，符合通流能力要求。试验前应检查电流测试引线导通情况，测试结束保证末屏可靠接地。从电压互感器获取二次电压信号时应防止短路。带电检测测试专用线在使用过程中，严禁生拉硬拽或摆甩测试线，防止误碰带电设备。

3. 检测条件要求

避免雨、雪、雾、露等湿度大于 85％ 的天气条件对电容型设备外表面的影响，在电容型设备上无其他各种外部作业，设备外表面应清洁、无覆冰等。

4. 检测周期

设备投运后一个月进行一次介质损耗因数和电容量的带电测试，记录作为初始数据。正常运行时，每年进行一次。对存在异常的电容型设备，如该异常不能完全判定，应根据电容型设备的运行工况，缩短检测周期。

5. 参考设备的选择

选择合适的参考设备对于电容型设备带电检测至关重要，应遵循以下原则：采用相对值比较法，基准设备一般选择停电例行试验数据比较稳定的设备，宜选择与被试设备处于同一母线或直接相连母线上的其他同相设备，宜选择同类型电容型设备；如同一母线或直接相连母线上无同类型设备，可选择同相异类电容型设备；双母线分裂运行的情况下，两段母线下所连接的设备应分别选择各自的参考设备进行带电检测工作；选定的参考设备一般不再改变，以便于进行对比分析。

6. 现场带电检测流程及注意事项

（1）工作前准备。工作前应办理变电站第二种工作票，并编写电容型设备带电检测作业指导书、现场安全控制卡和工序质量卡；试验前应详细掌握被试设备和参考设备历次停电试验和带电检测数据、历史缺陷、家族性缺陷、不良工况等状态信息；准备现场工作所使用的工器具和仪器仪表，必要时需要对带电检测仪器进行充电。

（2）测试前准备。带电检测应在天气良好条件下进行，确认空气相对温度应不大于80%。环境温度不低于5℃，否则应停止工作；选择合适的参考设备，并备有参考设备、被测设备的停电例行试验记录和带电检测试验记录；核对被试设备、参考设备运行编号、相位，查看并记录设备铭牌；使用万用表检查测试引线，确认其导通良好，避免设备末屏或者低压端开路；开机检查仪器是否电量充足，必要时需要使用外接交流电源。

（3）接线与测试。将带电检测仪器可靠接地，先接接地端，再接仪器端，并在其两个信号输入端连接好测量电缆。打开取样单元，用测量电缆连接参考设备取样单元和仪器 I_n 端口，被试设备取样单元和仪器 I_x 端口。按照取样单元盒上标示的方法，正确连接取样单元、测试引线和主机，防止在试验过程中形成末屏开路。打开电源开关，设置好测试仪器的各项参数。正式测试开始之前应进行预测试，当测试数据较为稳定时，停止测量，并记录、存储测试数据；如需要，可重复多次测量，从中选取一个较稳定数据作为测试结果。测试数据异常时，首先应排除测试仪器及接线方式上的问题，确认被测信号是否来自同相、同电压的两个设备，并应选择其他参考设备进行比对测试。

（4）记录并拆除接线。测试完毕后，参考设备侧人员和被试设备侧人员合上取样单元内的刀闸及连接片。仪器操作人员记录并存储测试数据、温度、空气湿度等信息。关闭仪器，断开电源，完成测量。拆除测试电缆，应先拆设备端，后拆仪器端。恢复取样单元，并检查确保设备末屏或低压端已经可靠接地。拆除仪器接地线，应先拆仪器端，再拆接地端。

（5）其他注意事项。采用同相比较法时，应注意相邻间隔带电状况对测量的影响，并记录被试设备相邻间隔带电与否。采用相对值比较法，带电检测单根测试线长度应保证在15m以内。对于同一变电站电容型设备带电检测工作，宜安排在每年的相同或环境条件相似的月份，以减少现场环境温度和空气相对湿度的较大差异带来数据误差。

7. 试验数据分析方法

（1）纵向比较。对于同一参考设备，电容型设备带电测试应符合表 12-2 中的规定。

（2）横向比较。处于同一单元的三相电容型设备，其带电测试结果的变化趋势不应有明显差异。

表 12-2　《电力设备带电检测技术规范》（试行）中关于电容型设备带电检测的标准

被试设备	测试项目	要求
电容型套管 电容型电流互感器 电容式电压互感器 耦合电容器	相对介质损耗因数	正常：变化量≤0.003 异常：变化量>0.003 且≤0.005 缺陷：变化量>0.005
	相对电容量比值	正常：初值差<5% 异常：初值差>5% 且≤20% 缺陷：初值差>20%

（3）必要时，以参考设备停电试验结果为依据，依照以下公式换算出介损及电容量绝对值，即

$$\tan\delta X_0 = (\tan\delta X - \tan\delta N) + \tan\delta N_0, CX0 = CX/CN \times CN_0$$

其中：$\tan\delta X_0$ 为推算的被测设备介质损耗因数；$\tan\delta N_0$ 为参考设备最近一次停电试验测得的介质损耗因数；$\tan\delta X - \tan\delta N$ 为带电测试测得的相对介质损耗因数差值；CX_0 为推算的被测设备电容量；CN_0 为参考设备最近一次停电试验测得的电容量；CX/CN 为带电测试测得的相对电容量比值。

此时，可按《输变电设备状态检修试验规程》中电容型设备停电例行试验标准判断其绝缘状况。

（4）采用相对测量法测试电容式电压互感器的介质损耗因数和电容量，由于受电磁单元的影响，测量结果可能会有较大偏差，可通过历次试验结果进行综合比较，根据数据变化情况判断绝缘状况。

（5）数据分析还应综合考虑设备的历史运行状况、同类型设备的参考数据，同时参考其他带电测试试验结果，如带电油色谱试验、红外测温以及高频局部放电测试等。

第4节 典 型 案 例

案例 12-1 电流互感器介损异常案例分析

在对某 220kV 变电站电流互感器开展相对介损电容量带电检测时，发现 010 单元 A 相电流互感器相对介损值远远高于同单元 B、C 两相，但电容量未发现异常；油色谱数据显示总烃含量严重超标，并有乙炔出现；解体后发现电容屏上出现 X 蜡。

（1）带电检测数据分析。

1）纵向分析。010 单元 A 相当年当时带电测试相对介损值较前一年增长为 0.0256−0.001＝0.0246，变化量超过 0.005，达到缺陷标准。电容量变化（1.0069−0.9989）/0.9989＝0.8％，电容量未见异常，数据见表 12-3。

2）横向分析。B、C 相两年的带电测试数据较稳定，但 A 相相对介损值有较明显的增长，与 B、C 相变化趋势明显不同。

表 12-3　　　　　　　　010 单元电流互感器带电检测数据

试验时间	基准单元	试验数据		
		A 相	B 相	C 相
当年	010	0.0256/1.0069	0.003/0.9923	−0.0002/0.9943
前一年	010	0.001/0.9989	0.001/0.9945	0.0005/0.9975

3）对相对值进行换算。参考基准单元停电例行试验结果，将带电测试结果换算到绝对量，其中介损为 0.0256＋0.00265＝0.02825，与历史数据比较有明显增长，并远远超过了状态检修规程给出的标准注意值 0.007；电容量 1.0069789.5pF＝794.9pF，与历史数据（796pF）变化不大。

综合以上分析，初步判断 010A 相相对介损值明显超标，设备内部存在缺陷。

（2）综合分析。油色谱试验。对 010A 相进行油色谱分析，发现总烃含量明显超标，并有乙炔出现。对一次绕组进行解体检查发现，从 4 号电容屏开始出现 X 蜡，X 蜡为一种不溶于油的树脂状物质，为不饱和烃聚合分子结构改变后形成的产物，部分绝缘纸已经硬化，当解体到 2 号电容屏后，出现褶皱的绝

194

缘纸，且越来越明显，如图 12-4 所示。

图 12-4　电流互感器解体照片

案例 12-2　电流互感器介损异常案例分析

某电流互感器带电测试发现相对介质损耗因数较历次测试数据增大明显，综合油色谱分析、红外测温测试数据，判断认为该电流互感器存在缺陷，解体发现由于制造工艺问题造成电容屏出现不同程度的纵向开裂，由于电场畸变引起局部放电造成绝缘劣化。

（1）带电检测数据分析。

1）纵向分析。093 单元 C 相电流互感器当年带电测试介损值较前一年增长为 0.0043，变化量＞0.003 且≤0.005，达到异常标准。电容量未见异常，如表 12-4 所示。

2）横向分析。A、B 相的带电测试数据较稳定，但 C 相电流互感器相对介损值有较明显的增长，与 A、B 相变化趋势明显不同。

表 12-4　　093 单元电流互感器带电测试相对介质损耗及电容量数据

试验时间	基准单元	试验数据		
		A 相	B 相	C 相
当年	093	−0.0001/0.9454pF	0.0009/1.0129pF	0.0006/1.0054pF
前一年	093	0.0003/0.9462pF	0.0012/1.0136pF	0.0049/0.9994pF

3）对相对值进行换算。推算出 093 单元 C 相电流互感器本次的介损值为 0.00748，其值接近了 Q/GDW 168《输变电设备状态检修试验规程》要求的注

意值（0.008）。

为避免参考设备选择不当对测试结果的影响，以 088 单元电流互感器为参考设备再次对 093 单元进行测试。经比对，093 单元 C 相相对介损值较 A、B 相仍有较大变化，可以排除 087 单元 C 相电流互感器存在质量问题。初步判定 093 单元 C 相电流互感器存在严重缺陷。

（2）综合分析。

1）油色谱试验。数据显示 C 相电流互感器试验色谱分析氢气含量 13011.9μL/L、总烃 640.0μL/L，均严重超过注意值，三比值编码为 010，故障类型判断为低能量密度的局部放电。

2）红外测温。结果显示无明显异常。

3）主绝缘介损和电容量测试。C 相试验介损值与换算介损值比较，变化趋势一致。

（3）解体检查结果。该电流互感器 L2 端腰部内侧第 4～第 6 屏铝箔纸均出现不同程度的纵向开裂，长度为 150mm，纵向宽度为 5mm，其中第 6 屏最为严重，如图 12-5 所示。

缺陷原因为生产厂家在制造过程中，L2 端子腰部安装受力不均，铝箔纸挤压出现开裂，产生空穴（气隙）。在运行电压下，出现场强分布不均，导致低能量放电，绝缘劣化介损增大。

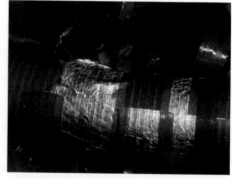

图 12-5　电流互感器解体照片